普通高等教育"十二五"规划教材

机械制造基础

主　编　郑兰霞　范　龙

副主编　杨彦涛

主　审　严大考

U0264723

中国水利水电出版社

www.waterpub.com.cn

内 容 提 要

　　本书是按照高职高专学院机械学科专业规范、培养方案和课程教学大纲的要求，结合有关学校教学改革、课程改革的经验而编写的规划教材。全书共分为10章，主要包括尺寸公差与配合、形状和位置公差、表面粗糙度、材料的力学性能、金属的组织结构、钢的热处理、常用金属材料、铸造、锻压、焊接。每章后面附有复习思考题。

　　本书注意实践性、应用性和创新性，注意内容的精简与更新，理论知识以必需、够用为度，力求做到详略恰当，以满足高职高专应用型人才培养的教学需要。

　　本书可作为高等院校机械类和近机电类专业学生教材，也可供相关工程技术人员参考使用。

图书在版编目（ＣＩＰ）数据

机械制造基础 / 郑兰霞，范龙主编. -- 北京 : 中
国水利水电出版社，2013.7
　普通高等教育"十二五"规划教材
　ISBN 978-7-5170-1159-0

　Ⅰ. ①机… Ⅱ. ①郑… ②范… Ⅲ. ①机械制造－高
等职业教育－教材 Ⅳ. ①TH

中国版本图书馆CIP数据核字(2013)第187170号

书　名	普通高等教育"十二五"规划教材 **机械制造基础**	
作　者	主编　郑兰霞　范龙	
出版发行	中国水利水电出版社 （北京市海淀区玉渊潭南路1号D座　100038） 网址：www. waterpub. com. cn E-mail：sales@waterpub. com. cn 电话：（010）68367658（发行部）	
经　售	北京科水图书销售中心（零售） 电话：（010）88383994、63202643、68545874 全国各地新华书店和相关出版物销售网点	
排　版	中国水利水电出版社微机排版中心	
印　刷	北京瑞斯通印务发展有限公司	
规　格	184mm×260mm　16开本　10.75印张　255千字	
版　次	2013年7月第1版　2013年7月第1次印刷	
印　数	0001—3000册	
定　价	**23.00**元	

前　　言

　　"机械制造基础"是研究机械工程材料和机械制造工艺过程一般规律、机械制造基本方法和操作实训的综合性技术课程，是高等院校机电类专业必修的一门技术基础课。

　　本书是按照机械制造的基本生产过程，即"毛坯生产、加工制造和装配调试"三个生产阶段所涉及的机械工程材料及热处理、零件质量检测技术、金属成形技术等知识领域，本着加强操作技能训练、理论够用为度的理念，摒弃旧的知识系统化观念，贯彻生产过程系统化思想精心挑选和组织内容的。

　　本书可作为高等工科院校机械类、机电类及近机电类专业教材，也可供有关工程技术人员参考。

　　本书由郑兰霞、范龙任主编，由杨彦涛任副主编。参加编写的有：杨彦涛编写第1章～第3章；郑兰霞编写第4章～第7章；范龙编写第8章～第10章。此外，单冬敏、靳征昌、葛玉萍、于冰等也参与了本书部分内容的编写，全书由郑兰霞统稿。华北水利电力大学严大考教授担任本书主审，并提出了许多宝贵意见，在此表示衷心感谢。

　　由于时间仓促，编者水平有限，书中不足之处，恳请读者和专家批评指正。

编者

2013 年 5 月

目　录

第1章 尺寸公差与配合

1.1 公差与配合的基本术语及定义

1.1.1 互换性的基本概念

所谓互换性，就是指相同规格零部件之间在尺寸、功能上能够彼此互相替换的性能。如自行车、汽车的某个零件损坏后，买一个相同规格的零件，装好后就能继续使用。在装配车间也经常可以看到这样的例子，只要规格相同的零部件都可以互换装配。

零部件具有了良好的互换性，就可以随时更换损坏的零部件，缩短维修时间，就可以大规模专业化的生产，如飞机、汽车的生产就是由许多专业工厂一起协作生产，最后在总厂装配完成。

零部件在机器装配时具有互换性，必须满足三个条件：①装配前，不需要选择；②装配时，不需要调整和修配；③装配后，满足使用性能要求。

为了满足零部件的互换性的要求，似乎相同规格的零部件的尺寸和形状都要做得完全一致。但实际生产中是无法做到的，不过只要零部件的尺寸和形状保持在一定的范围内，就能达到互换的要求。这个要求具体化就是公差要求。任何机械产品的设计和机械零件的加工都有公差精度要求。

1.1.2 有关尺寸、公差和偏差的术语及定义

1. 尺寸

用特定单位表示线性尺寸值的数值称为尺寸。如直径、半径、宽度、中心距等。

2. 基本尺寸

设计给定的尺寸称为基本尺寸。用 D 表示孔、d 表示轴。它是根据零件的使用要求，通过强度、刚度计算或通过试验、类比法来确定，经圆整后得到的尺寸。

3. 实际尺寸

通过测量得到的尺寸称为实际尺寸。由于加工误差的存在，同一零件不同位置的尺寸往往不一样，所以实际尺寸也称为局部实际尺寸。由于测量误差的存在，它并非是零件的真实尺寸。因此，零件测量部位不同，会得到不同的尺寸数值。

4. 极限尺寸

极限尺寸是指允许尺寸变化范围的两个极限值。其中较大的称为最大极限尺寸（D_{max}，d_{max}），较小的称为最小极限尺寸（D_{min}，d_{min}）。

5. 尺寸偏差

尺寸偏差是指某一个尺寸减其基本尺寸所得的代数差。偏差可为正值、负值或零。最

大极限尺寸减其基本尺寸所得的代数差称为上偏差，孔的上偏差用 ES 表示，轴的上偏差用 es 表示。

最小极限尺寸减其基本尺寸所得的代数差称为下偏差，孔的下偏差用 EI 表示，轴的下偏差用 ei 表示；上偏差和下偏差统称极限偏差。

$$ES = D_{\max} - D；\ es = d_{\max} - d$$

$$EI = D_{\min} - D；\ ei = d_{\min} - d$$

实际尺寸减其基本尺寸所得的代数差称为实际偏差。合格零件的实际偏差应在极限偏差的范围内。

6. 尺寸公差

尺寸公差是指允许尺寸的变动量。公差等于最大极限尺寸减最小极限尺寸；也等于上偏差减下偏差，公差值是绝对值。

孔公差用 T_h 表示

$$T_h = D_{\max} - D_{\min} = ES - EI$$

轴公差用 T_s 表示

$$T_s = d_{\max} - d_{\min} = es - ei$$

公差数值是一个绝对值，不能为正，也不能为负，更不能为零。公差数值的大小不能用来判断零件尺寸的合格与否。当尺寸一定时，公差数值的大小，表示尺寸精度的高低。

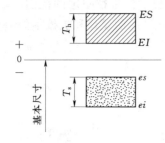

图 1.1　公差带简图

7. 公差带图

公差带图是用来表示两个相互配合的孔、轴的基本尺寸、极限尺寸、极限偏差与公差的相互关系，一般用简图 1.1 来表示。

在图 1.1 中，确定偏差的一条基准线称为零线，它表示基本尺寸，也是偏差为零的线。零线上方为正偏差，零线下方为负偏差。

在公差带图中，由代表上、下偏差的两条直线限定的区域称为公差带。上面线表示上偏差，下面线表示下偏差。公差带的宽度就是公差值。在公差带图中，尺寸单位为毫米（mm），偏差和公差单位用微米（μm），也可以用毫米（mm）。

1.1.3　有关配合的术语及定义

1. 配合

配合是指基本尺寸相同、相互结合的孔、轴公差带之间的关系。该定义具有两层含义：一是指基本尺寸相同的轴和孔装到一起；二是指轴和孔的公差带大小、相对位置决定配合的精确程度和松紧程度。前者说的是配合条件，后者反映了配合性质。

2. 配合的种类

按孔和轴结合的松紧程度，将配合分为三类：间隙配合、过盈配合和过渡配合。

（1）间隙配合。保证具有间隙（包括最小间隙等于零）的配合。即使把孔做得最小，把轴做得最大，装配后仍具有一定的间隙。间隙配合的公差带特点是：孔的公差带在轴的公差带之上，孔始终比轴大。如图 1.2 所示。间隙配合的最大间隙用 $X_{\max}$ 表示、最小间隙用 $X_{\min}$ 表示，按下式计算

$$X_{\max}=D_{\max}-d_{\min}=ES-ei$$

$$X_{\min}=D_{\min}-d_{\max}=EI-es$$

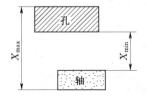
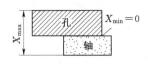

图 1.2　间隙配合

（2）过盈配合。保证具有过盈（包括最小过盈等于零）的配合。即使把孔做得最大，把轴做得最小，装配后仍有一定的过盈。过盈配合的公差带特点是：孔的公差带在轴的公差带之下，孔始终比轴小。如图 1.3 所示。

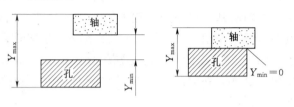

图 1.3　过盈配合

过盈配合的最大极限过盈用 $Y_{\max}$ 表示、最小极限过盈用 $Y_{\min}$ 表示，按下式计算

$$Y_{\max}=D_{\min}-d_{\max}=EI-es$$

$$Y_{\min}=D_{\max}-d_{\min}=ES-ei$$

（3）过渡配合。可能具有间隙，也可能具有过盈的配合。过渡配合的公差带特点是：孔的公差带与轴的公差带相互交叠，同时有孔大于轴或轴大于孔的可能性。如图 1.4 所示。这类配合没有最小间隙和最小过盈，只有最大间隙和最大过盈，它们按下式计算

$$X_{\max}=D_{\max}-d_{\min}=ES-ei$$

$$Y_{\max}=D_{\min}-d_{\max}=EI-es$$

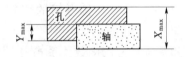
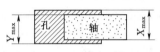
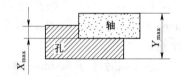

图 1.4　过渡配合

3. 基准制

基准制分为两种，即基孔制和基轴制，如图 1.5 所示。

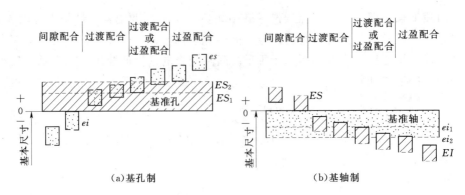

图 1.5　基准制

（1）基孔制。基孔制是以孔的公差带为基准且位置固定不变，改变轴的公差带位置来获得不同配合性质的一种制度。这时，孔为基准孔，其代号为"H"。它的基本偏差为下偏差且为零，其上偏差为正值，如图 1.5（a）所示。

当轴的基本偏差为上偏差，且为负值或零时，形成间隙配合；当轴的基本偏差为下偏差，且为正值时，若孔与轴公差带相互交叠，形成过渡配合；若轴的公差带完全位于孔的公差带之上，形成过盈配合。由于孔的另一极限偏差的位置将随公差带大小而变化，这样，在间隙配合与过盈配合之间，出现了配合性质不定的"过渡配合或过盈配合"区域。

（2）基轴制。基轴制是以轴的公差带为基准且位置固定不变，改变孔的公差带位置来获得不同的配合性质的一种制度。这时，轴为基准轴，其代号为"h"。它的基本偏差为上偏差且为零，下偏差为负值，如图 1.5（b）所示。

与基孔制相似，随着基准轴与相配合的孔的公差带之间相互关系的不同，可形成间隙配合、过渡配合和过盈配合；也会出现配合性质不定的"过渡配合或过盈配合"区域。

1.2　公差、偏差和配合的基本规定

1.2.1　标准公差

1. 标准公差因子

标准公差因子是确定标准公差数值的基本单位，是评定公差等级与制定标准公差表格的基础。标准公差因子与基本尺寸之间具有一定的函数关系，其数值按专门的公式计算。

基本尺寸小于 500mm 时，IT5 至 IT18 的标准公差因子和基本尺寸的函数关系式为

$$i=0.45\sqrt[3]{D}+0.001D$$

式中　i——标准公差因子，μm；

　　　D——基本尺寸，mm。

基本尺寸为 $500 < D \leqslant 3150\text{mm}$ 时，标准公差因子的计算式为

$$I = 0.004D + 2.1$$

式中的 I 单位为 μm，D 的单位为 mm。对于大尺寸而言，测量误差是主要的影响因素，特别是由于温度影响而产生的误差更为主要。

2. 公差等级和标准公差数值

我国国家标准规定的标准公差，用公差等级系数与标准公差因子的乘积值来确定。按公差等级系数的不同，将标准公差分为 20 个等级，即 IT01、IT0、IT1、IT2、…、IT17、IT18；IT 表示标准公差代号（国际公差 ISO Tolerance 的缩写），公差等级代号用阿拉伯数字表示。其中 IT01 为最高级，然后依次降低，IT18 为最低。标准公差数值分别按精度由不同的标准公差计算公式计算出来，结果见表 1.1。

表 1.1   标准公差数值 （GB/T 1800.3—1998《标准公差数值》）

基本尺寸 (mm)		公 差 等 级																			
大于	至	IT01	IT0	IT1	IT2	IT3	IT4	IT5	IT6	IT7	IT8	IT9	IT10	IT11	IT12	IT13	IT14	IT15	IT16	IT17	IT18
		μm													mm						
—	3	0.3	0.5	0.8	1.2	2	3	4	6	10	14	25	40	60	0.10	0.14	0.25	0.40	0.60	1.0	1.4
3	6	0.4	0.6	1	1.5	2.5	4	5	8	12	18	30	48	75	0.12	0.18	0.30	0.48	0.75	1.2	1.8
6	10	0.4	0.6	1	1.5	2.5	4	6	9	15	22	36	58	90	0.15	0.22	0.36	0.58	0.90	1.5	2.2
10	18	0.5	0.8	1.2	2	3	5	8	11	18	27	43	70	110	0.18	0.27	0.43	0.70	1.10	1.8	2.7
18	30	0.6	1	1.5	2.5	4	6	9	13	21	33	52	84	130	0.21	0.33	0.52	0.84	1.30	2.1	3.3
30	50	0.6	1	1.5	2.5	4	7	11	16	25	39	62	100	160	0.25	0.39	0.62	1.00	1.60	2.5	3.9
50	80	0.8	1.2	2	3	5	8	13	19	30	46	74	120	190	0.30	0.46	0.74	1.20	1.90	3.0	4.6
80	120	1	1.5	2.5	4	6	10	15	22	35	54	87	140	220	0.35	0.54	0.87	1.40	2.20	3.5	5.4
120	180	1.2	2	3.5	5	8	12	18	25	40	63	100	160	250	0.40	0.63	1.00	1.60	2.50	4.0	6.3
180	250	2	3	4.5	7	10	14	20	29	46	72	115	185	290	0.46	0.72	1.15	1.85	2.90	4.6	7.2
250	315	2.5	4	6	8	12	16	23	32	52	81	130	210	320	0.52	0.81	1.30	2.10	3.20	5.2	8.1
315	400	3	5	7	9	13	18	25	36	57	89	140	230	360	0.57	0.89	1.40	2.30	3.60	5.7	8.9
400	500	4	6	8	10	15	20	27	40	63	97	155	250	400	0.63	0.97	1.55	2.50	4.00	6.3	9.7

注 基本尺寸小于 1mm 时，无 IT14～IT18。

3. 尺寸分段

为了减少标准公差的数目、统一公差值、简化公差表格，以便于实际应用，国家标准对基本尺寸进行了分段，对同一尺寸段内所有的基本尺寸，在相同公差等级情况下，规定相同的标准公差。基本尺寸不大于 500mm 的尺寸分为 13 段，见表 1.1。其中不大于 180mm 的各尺寸段，采用不均匀递增数列；大于 180mm 的各尺寸段，采用 R10 系列优先数系进行分段。

1.2.2　基本偏差及其代号

基本偏差用来确定公差带相对于零线位置的上偏差或者下偏差，一般指靠近零线的那个偏差。当公差带位于零线上方时，其基本偏差为下偏差；位于零线下方时，其基本偏差为上偏差。国家标准对轴和孔各规定了 28 个基本偏差，如图 1.6 所示。

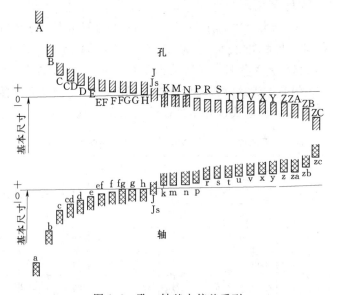

图 1.6　孔、轴基本偏差系列

从图 1.6 中可以看出，对于孔的基本偏差，A～H 基本偏差为下偏差（EI），且为正值，H 的基本偏差为零，即作为基准孔的基本偏差。J～ZC 基本偏差为上偏差（ES），除 J 和 K 外其余皆为负值。Js 是一个特殊的基本偏差，其相对零线对称分布，上下偏差的绝对值相等，符号相反，值为公差值的一半。

从图 1.6 对于轴的基本偏差，a～h 基本偏差为上偏差（es），且为负值，h 的基本偏差为零，即作为基准轴的基本偏差。j～zc 基本偏差为下偏差（ei），除 j 外，其余皆为正值。js 是一个特殊的基本偏差，其相对零线对称分布，上下偏差的绝对值相等，符号相反，值为公差值的一半。

1.2.3　轴的基本偏差

a～h 用于间隙配合，基本偏差的绝对值正好等于最小间隙绝对值。其中：基本偏差 a、b、c 用于大间隙或热动配合，考虑发热膨胀的影响，采用与直径成正比关系；d、e、f 主要用于旋转运动；g 主要用于滑动或半液体摩擦的动配合，或用于定心的不动配合，间隙要求小，因此直径的指数减小。基本偏差 cd、ef、fg 的绝对值，分别按 c 和 d、e 和 f、f 和 g 绝对值的几何平均值确定。j～n 主要用于过渡配合，根据与一定公差等级的孔相配合所形成的最大间隙小于一定数值，来确定其基本偏差。p～zc 主要用于过盈配合，根据与一定公差等级的孔相配所形成的最小过盈，来确定其基本偏差。

轴的基本偏差数值见 GB/T 1800.3—1998。表 1.2 为轴的基本偏差数值。

表1.2　　　　　　　　　　轴的基本偏差值（GB/T 1800.3—1998）

基本尺寸 (mm)	基本偏差																
	上偏差 es												下偏差 ei				
	a	b	c	cd	d	e	ef	f	fg	g	h	js	j			k	
													5~6	7	8	4~7	≤3 >7
	所有公差等级																
≤3	−270	−140	−60	−34	−20	−14	−10	−6	−4	−2	0		−2	−4	−6	0	0
>3~6	−270	−140	−70	−46	−30	−20	−14	−10	−6	−4	0		−2	−4	—	+1	0
>6~10	−280	−150	−80	−56	−40	−25	−18	−13	−8	−5	0		−2	−5	—	+1	0
>10~14 >14~18	−290	−150	−95	—	−50	−32	—	−16	—	−6	0		−3	−6	—	+1	0
>18~24 >24~30	−300	−160	−110	—	−65	−40	—	−20	—	−7	0		−4	−8	—	+2	0
>30~40 >40~50	−310 −320	−170 −180	−120 −130		−80	−50		−25		−9	0		−5	−10	—	+2	0
>50~65 >65~80	−340 −360	−190 −200	−140 −150	—	−100	−60	—	−30	—	−10	0		−7	−12	—	+2	0
>80~100 >100~120	−380 −410	−220 −240	−170 −180	—	−120	−72	—	−36	—	−12	0	偏差等于 ±IT/2	−9	−15	—	+3	0
>120~140 >140~160 >160~180	−460 −520 −580	−260 −280 −310	−200 −210 −230	—	−145	−85	—	−43	—	−14	0		−11	−18	—	+3	0
>180~200 >200~225 >225~250	−660 −740 −820	−340 −380 −420	−240 −260 −280	—	−170	−100	—	−50	—	−15	0		−13	−21	—	+4	0
>250~280 >280~315	−920 −1050	−480 −540	−300 −330	—	−190	−110	—	−56	—	−17	0		−16	−26	—	+4	0
>315~355 >355~400	−1200 −1350	−600 −680	−360 −400		−210	−125		−62		−18	0		−18	−28	—	+4	0
>400~450 >450~500	−1500 −1650	−760 −840	−440 −480		−230	−135		−68		−20	0		−20	−32	—	+5	0

基本尺寸 (mm)	基本偏差												
	下偏差 ei												
	m	n	p	r	s	t	u	v	x	y	z	za	zb	zc
	所有公差等级												
≤3	+2	+4	+6	+10	+14	—	+18	—	+20	—	+26	+32	+40	+60
>3~6	+4	+8	+12	+15	+19	—	+23	—	+28	—	+35	+42	+50	+80
>6~10	+6	+10	+15	+19	+23	—	+28	—	+34	—	+42	+52	+67	+97
>10~14	+7	+12	+18	+23	+28	—	+33	—	+40	—	+50	+64	+90	+130
>14~18								+39	+45		+60	+77	+108	+150

续表

基本尺寸 （mm）	基本偏差 下偏差 ei m	n	p	r	s	t	u	v	x	y	z	za	zb	zc
						所有公差等级								
>18~24	+8	+15	+22	+28	+35	—	+41	+47	+54	+63	+73	+98	+136	+188
>24~30						+41	+48	+55	+64	+75	+88	+118	+160	+218
>30~40	+9	+17	+26	+34	+43	+48	+60	+68	+80	+94	+112	+148	+220	+274
>40~50						+54	+70	+81	+97	+114	+136	+180	+242	+325
>50~65	+11	+20	+32	+41	+53	+66	+87	+102	+122	+144	+172	+226	+300	+405
>65~80				+43	+59	+75	+102	+120	+146	+174	+210	+274	+360	+480
>80~100	+13	+23	+37	+51	+71	+91	+124	+146	+178	+214	+258	+335	+445	+585
>100~120				+54	+79	+104	+144	+172	+210	+256	+310	+400	+525	+690
>120~140	+15	+27	+43	+63	+92	+122	+170	+202	+248	+300	+365	+470	+620	+800
>140~160				+65	+100	+134	+190	+228	+280	+340	+415	+535	+700	+900
>160~180				+68	+108	+146	+210	+252	+310	+380	+465	+600	+780	+1000
>180~200	+17	+31	+50	+77	+122	+166	+236	+284	+350	+425	+520	+670	+880	+1150
>200~225				+80	+130	+180	+258	+310	+385	+470	+575	+740	+960	+1250
>225~250				+84	+140	+196	+284	+340	+425	+520	+640	+820	+1050	+1350
>250~280	+20	+34	+56	+94	+158	+218	+315	+385	+475	+580	+710	+920	+1200	+1550
>280~315				+98	+170	+240	+350	+425	+525	+650	+790	+1000	+1300	+1700
>315~355	+21	+37	+62	+108	+190	+268	+390	+475	+590	+730	+900	+1150	+1500	+1900
>355~400				+114	+208	+294	+435	+530	+660	+820	+1000	+1300	+1650	+2100
>400~450	+23	+40	+68	+126	+232	+330	+490	+595	+740	+920	+1100	+1450	+1850	+2400
>450~500				+132	+252	+360	+540	+660	+820	+1000	+1250	+1600	+2100	+2600

注　1. 基本尺寸小于 1mm 时，各级的 a 和 b 均不采用。

　　2. js 的数值：对 IT7~IT11，若 IT 的数值（μm）为奇数，则取 $js=\pm(IT-1)/2$。

1.2.4　孔的基本偏差

孔的基本偏差是以轴的基本偏差为基础换算得来的。换算规则有以下两种。

1. 通用规则

即同一字母所代表的孔和轴基本偏差的绝对值相同，符号相反；

A~H　　　　　　　　　　$EI=-es$

J~ZC　　　　　　　　　　$ES=-ei$

2. 特殊规则

对于基本尺寸至 500mm，标准公差不大于 IT8 的 J、K、M、N 和不大于 IT7 的 P~ZC，均采用特殊规则。由于一般配合采用孔公差等级比轴低一级，因此，为满足配合相同的要求，则应按如下特殊规则：孔与轴基本偏差（ES 和 ei）的符号相反，而绝对值相差一个 △ 值，即

$$ES = -ei + \Delta$$

$$\Delta = IT_n - IT_{n-1}$$

式中　IT_n、IT_{n-1}——某一级和比它高一级的标准公差。

换算结果使轴和孔两种基准制的同名配合松紧相同，配合关系不变。如 $\phi30H7/f6$ 和 $\phi30F7/h6$；$\phi30H7/p6$ 和 $\phi30P7/h6$ 两者的配合性质相同。

孔的基本偏差确定之后，按公差等级确定标准公差 IT，按上述通用规则或特殊规则，即可确定另一极限偏差。孔的基本偏差数值见 GB/T 1800.3—1998 表 1.3 孔的基本偏差。

表 1.3　　　　　　　　　　孔的基本偏差值（GB/T 1800.3—1998）

基本尺寸 (mm)	基本偏差																		
	下 偏 差 EI												上偏差 ES						
	A	B	C	CD	D	E	EF	F	FG	G	H	JS	J			K		M	
	所有的公差等级												6	7	8	≤8	>8	≤8	>8
≤3	+270	+140	+60	+34	+20	+14	+10	+6	+4	+2	0		+2	+4	+6	0	0	−2	−2
>3~6	+270	+140	+70	+36	+30	+20	+14	+10	+6	+4	0		+5	+6	+10	−1+Δ	—	−4+Δ	−4
>6~10	+280	+150	+80	+56	+40	+25	+18	+13	+8	+5	0		+5	+8	+12	−1+Δ	—	−6+Δ	−6
>10~14	+290	+150	+95	—	+50	+32	—	+16	—	+6	0		+6	+10	+15	−1+Δ	—	−7+Δ	−7
>14~18	+290	+150	+95	—	+50	+32	—	+16	—	+6	0		+6	+10	+15	−1+Δ	—	−7+Δ	−7
>18~24	+300	+160	+110	—	+65	+40	—	+20	—	+70	0		+8	+12	+20	−2+Δ	—	−8+Δ	−8
>24~30	+300	+160	+110	—	+65	+40	—	+20	—	+70	0		+8	+12	+20	−2+Δ	—	−8+Δ	−8
>30~40	+310	+170	+120	—	+80	+50	—	+25	—	+9	0		+10	+14	+24	−2+Δ	—	−9+Δ	−9
>40~50	+320	+180	+130	—	+80	+50	—	+25	—	+9	0		+10	+14	+24	−2+Δ	—	−9+Δ	−9
>50~65	+340	+190	+140	—	+100	+60	—	+30	—	+10	0		+13	+18	+28	−2+Δ	—	−11+Δ	−11
>65~80	+360	+200	+150	—	+100	+60	—	+30	—	+10	0		+13	+18	+28	−2+Δ	—	−11+Δ	−11
>80~100	+380	+220	+170	—	+120	+72	—	+36	—	+12	0	偏差等于±$\frac{IT}{2}$	+16	+22	+34	−3+Δ	—	−13+Δ	−13
>100~120	+410	+240	+180	—	+120	+72	—	+36	—	+12	0		+16	+22	+34	−3+Δ	—	−13+Δ	−13
>120~140	+440	+260	+200		+145	+85	—	+43	—	+14	0		+18	+26	+41	−3+Δ	—	−15+Δ	−15
>140~160	+520	+280	+210	—	+145	+85	—	+43	—	+14	0		+18	+26	+41	−3+Δ	—	−15+Δ	−15
>160~180	+580	+310	+230		+145	+85	—	+43	—	+14	0		+18	+26	+41	−3+Δ	—	−15+Δ	−15
>180~200	+660	+340	+240		+170	+100	—	+50	—	+15	0		+22	+30	+47	−4+Δ	—	−17+Δ	−17
>200~225	+740	+380	+260	—	+170	+100	—	+50	—	+15	0		+22	+30	+47	−4+Δ	—	−17+Δ	−17
>225~250	+820	+420	+280		+170	+100	—	+50	—	+15	0		+22	+30	+47	−4+Δ	—	−17+Δ	−17
>250~280	+920	+480	+300	—	+190	+110	—	+56	—	+17	0		+25	+36	+55	−4+Δ	—	−20+Δ	−20
>280~315	+1050	+540	+330	—	+190	+110	—	+56	—	+17	0		+25	+36	+55	−4+Δ	—	−20+Δ	−20
>315~355	+1200	+600	+360	—	+120	+150	—	+62	—	+18	0		+29	+39	+60	−4+Δ	—	−21+Δ	−21
>355~400	+1350	+680	+400	—	+120	+150	—	+62	—	+18	0		+29	+39	+60	−4+Δ	—	−21+Δ	−21
>400~450	+1500	+760	+440	—	+230	+135	—	+68	—	+20	0		+33	+43	+66	−5+Δ	—	−23+Δ	−23
>450~500	+1650	+840	+480	—	+230	+135	—	+68	—	+20	0		+33	+43	+66	−5+Δ	—	−23+Δ	−23

续表

基本尺寸 (mm)	基本偏差 上偏差 ES															Δ(μm)					
	N		P~ZC	P	R	S	T	U	V	X	Y	Z	ZA	ZB	ZC	3	4	5	6	7	8
	≤8	>8	≤7	>7												3	4	5	6	7	8
≤3	−4	−4	在大于7级的相应数值上增加一个Δ值	−6	−10	−14	—	−18	—	−20	—	−26	−32	−40	−60	0					
>3~6	−8+Δ	0		−12	−15	−19	—	−23	—	−28	—	−35	−42	−50	−80	1	1.5	1	3	4	6
>6~10	−10+Δ	0		−15	−19	−23	—	−28	—	−34	—	−42	−52	−67	−97	1	1.5	2	3	6	7
>10~14	−12+Δ	0		−18	−23	−28	—	−33	—	−40	—	−50	−64	−90	−130	1	2	3	3	7	9
>14~18									−39	−45		−60	−77	−108	−150						
>18~24	−15+Δ	0		−22	−28	−35	−41	−41	−47	−54	−65	−73	−98	−136	−188	1.5	2	3	4	8	12
>24~30								−48	−55	−64	−75	−88	−118	−160	−218						
>30~40	−17+Δ	0		−26	−34	−43	−48	−60	−68	−80	−94	−112	−148	−200	−274	1.5	3	4	5	9	14
>40~50							−54	−70	−81	−95	−114	−136	−180	−242	−325						
>50~65	−20+Δ	0		−32	−41	−53	−66	−87	−102	−122	−144	−172	−226	−300	−400	2	3	5	6	11	16
>65~80					−43	−59	−75	−102	−120	−146	−174	−210	−274	−360	−480						
>80~100	−23+Δ	0		−37	−51	−71	−92	−124	−146	−178	−214	−258	−335	−445	−585	2	4	5	7	13	19
>100~120					−54	−79	−104	−144	−172	−210	−254	−310	−400	−525	−690						
>120~140	−27+Δ	0		−43	−63	−92	−122	−170	−202	−248	−300	−365	−470	−620	−800	3	4	6	7	15	23
>140~160					−65	−100	−134	−190	−228	−280	−340	−415	−535	−700	−900						
>160~180					−68	−108	−146	−210	−252	−310	−380	−465	−600	−780	−1000						
>180~200	−31+Δ	0		−50	−77	−122	−166	−236	−284	−350	−425	−520	−670	−880	−1150	3	4	6	9	17	26
>200~225					−80	−130	−180	−258	−310	−385	−470	−575	−740	−960	−1250						
>225~250					−84	−140	−196	−284	−340	−425	−520	−640	−820	−1050	−1350						
>250~280	−34+Δ	0		−56	−94	−158	−218	−315	−385	−475	−580	−710	−920	−1200	−1500	4	4	7	9	20	29
>280~315					−98	−170	−240	−350	−425	−525	−650	−790	−1000	−1300	−1700						
>315~355	−37+Δ	0		−62	−108	−190	−268	−390	−475	−590	−730	−900	−1150	−1500	−1900	4	5	7	11	21	32
>355~400					−114	−208	−294	−435	−530	−660	−820	−1000	−1300	−1650	−2100						
>400~450	−40+Δ	0		−68	−126	−232	−330	−490	−595	−740	−920	−1100	−1450	−1850	−2400	5	5	7	13	23	34
>450~500					−132	−252	−360	−540	−660	−820	−1000	−1250	−1600	−2100	−2600						

　注　1. 基本尺寸小于 1mm 时，各级的 A 和 B 及大于 8 级的 N 均不采用。

　　　2. JS 的数值，对 IT7~IT11，若 IT 的数值（μm）为奇数，则取 $JS=\pm(IT-1)/2$。

　　　3. 特殊情况：当基本尺寸大于 250mm 而小于 315mm 时，M6 的 $ES=-9(\neq-11)$。

【例 1.1】　查表 1.1 确定 $\phi30H7/f6$ 和 $\phi30F7/h6$ 的孔和轴的极限偏差，计算两个配合的极限间隙。

　解：查表 1.1 得孔和轴的公差 $IT_6=13\mu m$，$IT_7=21\mu m$。

（1）$\phi30H7/f6$：查表 1.3 得孔 H7 的下偏差 $EI=0$，则

$$ES=EI+IT_7=21(\mu m)$$

查表 1.2 得轴的 f6 的上偏差 $es=-20$，$ei=es-IT_6=-33\mu m$，则

$$X_{\max} = ES - ei = 21 - (-33) = 54(\mu m)$$

$$X_{\min} = EI - es = 0 - (-20) = 20(\mu m)$$

（2）ϕ30F7/h6 查表 1.3 得孔的 F7 的下偏差 $EI = 20\mu m$，则

$$ES = EI + IT_7 = 41(\mu m)$$

查表 1.2 得轴 h6 的上偏差 $es = 0$，$ei = es - IT_6 = -13(\mu m)$，则

$$X_{\max} = ES - ei = 41 - (-13) = 54(\mu m)$$

$$X_{\min} = EI - es = 20 - 0 = 20(\mu m)$$

由上计算可见两个配合的性质相同。

【例 1.2】 查孔的基本偏差数值表和标准公差数值表，确定 ϕ30M7 孔的上、下偏差。

解：先查孔的基本偏差数值表（表 1.3），确定孔的基本偏差数值。孔的基本尺寸 ϕ30 处于 24～30mm 的尺寸分段内，因孔的公差等级为 7 级，应属等级不大于 8 这一栏内，M 所对应偏差的数值为 $-8 + \Delta$。

Δ 值可在表 1.3 的最右端查出，$\Delta = 8\mu m$，由该表可知，M 为上偏差，即

$$ES = -8 + 8 = 0$$

查标准公差数值表（表 1.1），孔的公差为 $IT_7 = 21\mu m$，确定孔的下偏差。

$$EI = ES - IT_7 = 0 - 21 = -21(\mu m)$$

1.3 优先和常用配合

1.3.1 优先、常用和一般用途公差带

按标准公差和基本偏差组合，可得到许多大小和位置不同的公差带。这些孔、轴公差带组合，又可得到大量的各种配合。全部采用既不经济，也无必要，因此，国家标准规定在不大于 500mm 基本尺寸范围内，孔的一般用途公差带为 105 个，其中带方框的 44 个为常用公差带，带圆圈的 13 个为优先公差带，如图 1.7 所示。

轴的一般用途公差带为 119 个，其中带方框的 59 个为常用公差带，带圆圈 13 个为优先公差带，如图 1.8 所示。

对于 $500 < D \leqslant 3150mm$ 的孔，常用公差带有 31 种，轴常用公差带 41 种，以及对尺寸至 18mm 的孔和轴，孔有 145 种公差带，轴有 163 种公差带，主要用于仪表行业。没有推荐选用次序，可视实际情况选用，可查有关手册。

1.3.2 优先、常用配合与配置配合

国家标准在上述孔、轴公差带的基础上，规定了基孔制的常用配合为 59 个，其中优先配合为 13 个。基轴制的常用配合为 47 个，其中优先配合为 13 个。

精度较低的非配合零件按 GB/T 1084—1992《一般公差线性尺寸的未注公差》处

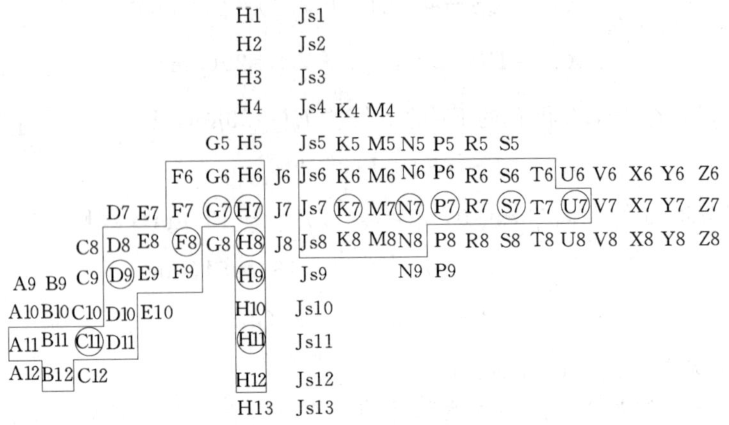

```
                    H1        Js1
                    H2        Js2
                    H3        Js3
                    H4        Js4 K4 M4
              G5 H5           Js5 K5 M5 N5 P5 R5 S5
        F6 G6 H6        J6    Js6 K6 M6 N6 P6 R6 S6 T6 U6 V6 X6 Y6 Z6
  D7 E7 F7 G7 H7        J7    Js7 K7 M7 N7 P7 R7 S7 T7 U7 V7 X7 Y7 Z7
C8 D8 E8 F8 G8 H8       J8    Js8 K8 M8 N8 P8 R8 S8 T8 U8 V8 X8 Y8 Z8
A9 B9 C9 D9 E9 F9       H9    Js9          N9 P9
A10 B10 C10 D10 E10     H10   Js10
A11 B11 C11 D11         H11   Js11
A12 B12 C12             H12   Js12
                        H13   Js13
```

图 1.7　基本尺寸小于 500mm 孔的一般用途公差带

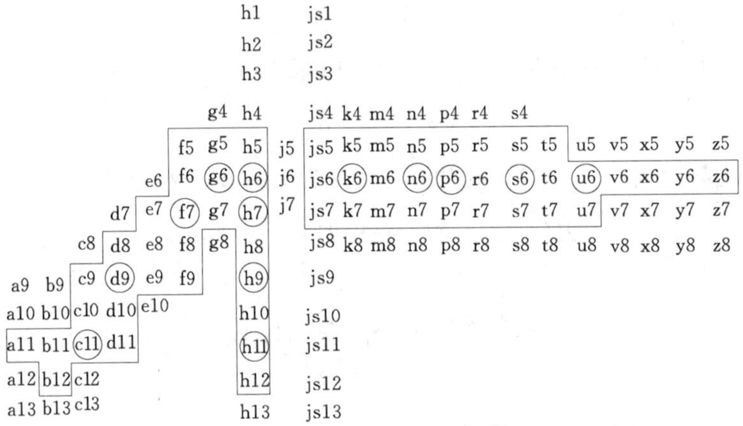

```
                    h1        js1
                    h2        js2
                    h3        js3
              g4 h4           js4 k4 m4 n4 p4 r4   s4
        f5 g5 h5        j5    js5 k5 m5 n5 p5 r5   s5 t5    u5 v5 x5 y5 z5
     e6 f6 g6 h6        j6    js6 k6 m6 n6 p6 r6   s6 t6    u6 v6 x6 y6 z6
  d7 e7 f7 g7 h7        j7    js7 k7 m7 n7 p7 r7   s7 t7 u7 v7 x7 y7 z7
c8 d8 e8 f8 g8 h8       js8   k8 m8 n8 p8 r8       s8 t8 u8 v8 x8 y8 z8
a9 b9 c9 d9 e9 f9       h9    js9
a10 b10 c10 d10 e10     h10   js10
a11 b11 c11 d11         h11   js11
a12 b12 c12             h12   js12
a13 b13 c13             h13   js13
```

图 1.8　基本尺寸小于 500mm 轴的一般用途公差带

理。一般分为四个等级,具体选用视车间的加工水平来定。一般可不检验。

公差与配合的选用是机械设计的重要环节,它不仅关系到产品的质量,而且关系到产品的制造工艺和生产成本。公差与配合的选用原则可概括为:在保证产品功能要求的前提下,尽可能便于制造和降低成本,以取得最佳的技术经济效果。

公差与配合的选择方法有类比法、计算法和试验法三种。

(1)类比法是参照类似的机械、机构、部件和零件,在功能、结构、材料和使用条件等方面与所要设计的对象进行对比后,确定公差与配合的方法。类比法迄今最为常用。

(2)计算法是按照一定的理论和公式,通过计算确定公差与配合的方法。用得较少。

(3)试验法是通过试验确定公差与配合的方法。试验法往往与上述两种方法相结合。

三种公差与配合的选用主要包括公差等级、确定基准制与配合类。

1.4 尺寸公差与配合的选用

尺寸公差与配合的选择是机械设计与制造中的一个重要环节，它是在基本尺寸已经确定的情况下进行的尺寸精度设计。合理地选用公差与配合，不但可以更好地促进互换性生产，而且有利于提高产品质量，降低生产成本。在设计中，公差与配合的选用主要包括基准制、公差等级与配合种类的选用。

1.4.1 基准制的选用

基准制的选择要从零件的加工工艺、装配工艺和经济性等方面考虑。

（1）一般情况下优先采用基孔制。因为加工孔比加工轴困难些，所用刀具、量具尺寸规格也多些。采用基孔制，可大大缩减定值刀具、量具的规格和数量。只有在具有明显经济效果的情况下，如用冷拔钢作轴，不必对轴加工，或在同一基本尺寸的轴上要装配几个不同配合的零件。

（2）与标准件配合时，基准制的选择通常依标准件而定。例如，与滚动轴承内圈配合的轴应按基孔制；与滚动轴承外圈配合的孔应按基轴制。

（3）可采用非基准制配合。对于同一基本尺寸，同一个轴上有多孔与之配合；或同一基本尺寸，同一个孔上有多轴与之配合，且配合要求不同时，采用基孔制、基轴制，甚至非基准制，应视具体结构、工艺等情况而定。

1.4.2 公差等级的选用

公差等级选择的基本原则是：在满足产品使用性能要求或后续工序要求的前提下，应尽量选择较低的公差等级。

（1）一般的非配合尺寸要比配合尺寸的公差等级低。

（2）遵守工艺等价原则——孔、轴的加工难易程度相当。这一原则主要用于中高精度（公差等级不大于 IT8）的配合。在基本尺寸不大于 500mm 时，孔比轴要低一级；在基本尺寸大于 500mm 时，孔、轴的公差等级相同。

（3）与标准件配合的零件，其公差等级由标准件的精度要求所决定。如与轴承配合的孔和轴，其公差等级由轴承的精度等级来决定。与齿轮孔相配的轴，其配合部位的公差等级由齿轮的精度等级所决定。

（4）用类比法确定公差等级时，查明各公差等级的应用范围。表 1.4 列出了公差等级应用的经验资料，表 1.5 为公差等级应用举例。可供用时参考。

表 1.4 公 差 等 级 的 应 用

应 用	公 差 等 级 (IT)																		
	01	0	1	2	3	4	5	6	7	8	9	10	11	12	13	14	15	16	17	18
量 块	*	*	*																
特别精密零件的				*	*	*	*												

应　用	公　差　等　级（IT）																	
	01	0	1	2	3	4	5	6	7	8	9	10	11	12	13	14	15	16	17	18
配合尺寸							*	*	*	*	*	*	*	*						
非配合尺寸														*	*	*	*	*	*	*
原材料公差									*	*	*	*	*	*	*					

* 推荐选择等级。

表 1.5 　　　　　　　　　　　公 差 等 级 应 用 举 例

公差等级	应 用 举 例
IT5	精密机床主轴轴颈，与精密滚动轴承配合的轴和孔，高精度齿轮的基准孔，精密仪器的孔轴
IT6	广泛用于一般机械制造中的重要配合，机床中与轴承配合的一般传动轴，与齿轮、带轮、蜗轮、联轴器、凸轮等连接的轴颈，机床夹具中导向件的外径尺寸，6 级精度齿轮的基准孔，7 级、8 级精度齿轮的基准轴，花键的定心直径
IT7	与 IT6 相类似，但要求的精度稍低一点，在一般机械中应用相当普遍，重型机械中精度要求的稍高。纺织机械中的重要零件，齿轮、带轮、蜗轮、联轴器、凸轮等连接的孔径，发动机中的连杆孔、活塞孔。7 级、8 级精度齿轮的基准孔，9 级、10 级精度齿轮的基准轴
IT8	属于中等精度，仪器仪表中属较高精度。在表业机械、纺织机械、电机制造中铁心与机座的配合，连杆轴瓦内径，低精度的齿轮的基准孔，6～8 级精度齿轮的顶圆
IT9、IT10	单键连接中的键盘宽配合，发动机中的气门导管内孔，起重机链轮与轴
IT11、IT12	用于配合精度较低的场合。农业机械、机车车箱部件及冲压加工的配合零件

1.4.3　配合种类的选用

设计选用时，优先考虑选用优先配合，如果这些不能满足设计要求，则考虑常用配合。都不能满足时，可由孔、轴的一般公差带自选组合。

（1）间隙配合主要是针对有相对运动要求的孔、轴结合，要考虑相对运动的方向、速度、结构状况和工作条件等因素，确定适宜的间隙及允许间隙的变动量，即配合公差。

（2）过盈配合主要是针对不能有相对运动，且要完全依靠过盈传递力或转矩的孔、轴结合，要考虑传递力或转矩的大小、材料、结构状况和工作条件等因素，确定适宜的过盈及允许过盈的变动量。可参考 GB 5371—85《公差与配合过盈配合的计算和选用》。

（3）过渡配合主要是针对孔、轴有定位要求的结合，要考虑定位精度、结构状况、装拆要求等因素，确定允许间隙和（或）过盈的变动量。表 1.6 列出了常用配合的特点与应用。

表 1.6　　　　　　　　　　　常用配合的特点与应用

配合类别	配合代号	配合特性和使用条件	应 用 举 例
间隙配合	a, b, c	a，b 间隙特别大很少使用。c 间隙很大适用于高温和松弛的动配合	管道连接，起重机的吊钩铰链，内燃机的排气门和导管，用于工作条件较差（如农业机械等）场合
	d, e	一般用于 IT7～IT11 级适用于大直径松的转动配合、高速中载，e 多用于 IT7～T19，高速重载	如密封盖、滑轮、空转皮带轮等与轴配合，透平机、重型弯曲机等重型机械的滑动轴承及大型电动机、内燃机主要轴承
	f	多用于 IT6～IT8 的转动配合，中等间隙，广泛用于普通机械中	润滑油（润滑脂）润滑的支承，如齿轮箱、小电动机、泵等的转轴与滑动轴承的配合
	g	配合间隙小，不推荐用于转动配合，多用于 IT5～IT7 精密滑动配合	用于插销等定位配合，如精密连杆轴承。活塞及滑阀、连杆销，机床夹具钻套
	h	用于 IT4～IT11 级。广泛用于无相对转动的零件，作为定位配合。也用于精密的滑动配合	机床变速箱中齿轮和轴，无相对转动的齿轮、带轮、离合器，车床尾座与套筒，汽车的正时齿轮与凸轮轴的配合
过渡配合	js	多用于 IT4～IT7 级，要求间隙比 h 轴小，并允许略有过盈的定位配合	机床中变速箱中齿轮和轴，电机座与端盖，如联轴节、齿圈与钢制轮毂，带轮与轴的配合，可用木锤装配
	k	平均间隙接近于零，用于 IT4～IT7 级，用于稍有过盈的定位配合	消除振动用的定位、配合，一般用木锤装配，如某机床主轴后轴承座与箱体孔的配合
	m	平均过盈较小的配合，适于 IT4～IT7 级，用于不经常拆卸处	压箱机连杆与衬套、减速器的轴与圆锥齿轮，蜗轮青铜轮缘与轮辐的配合
	n	平均过盈比 m 稍大，适用于 IT4～IT7 级，用锤或压人机装配。精确定位，常用于紧密的组件配合	链轮轮缘与轮心、振动机械的齿轮与轴、安全联轴器销钉与套等，如钻套与衬套的配合，冲床齿轮与轴的配合
	p, r	轻型过盈，用于精确定位配合，传递扭矩时要加紧固件	重载轮缘与轴，凸轮孔与凸轮轴，如齿轮与轴套的配合连杆小孔与衬套
过盈配合	s	中型过盈，不加紧固件可传递较小扭矩，加紧固件可传递较大扭矩，需用热胀法或冷缩法装配	齿轮与轴，柴油机连杆衬套和轴瓦，减速器的轴与蜗轮等，水泵阀座与壳体的配合
	t	重型过盈，不加紧固件可传递较大扭矩，材料许用应力要求较大	蜗杆轴衬与箱体，轧钢设备中的辊子与心轴，偏心压床沿块与轴等，联轴器和轴的配合
	u	配合过盈大，要用热胀或冷缩法装配	如火车轮毂和轴的配合
	x, y, z	过盈量很大，一般不推荐采用	钢与轻合金或塑料等不同材料的配合

复 习 思 考 题

1. 公差带的位置由什么决定的？配合有什么基准制，它们有什么不同？
2. 选择公差配合时应考虑哪些内容？确定公差等级时要考虑什么问题？
3. 改正图 1.9 中各项形位公差标注上的错误（不得改变形位公差项目）。
4. 查表计算下列配合的极限间隙或极限过盈，并画出孔、轴公差带图，说明各属于

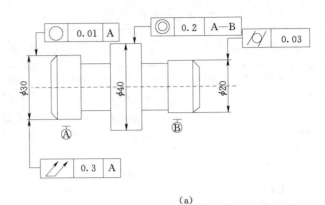

（a）

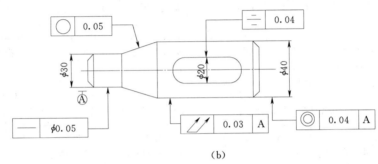

（b）

图 1.9　题 3 图

哪种配合。

①$\phi30H8/g7$；　　②$\phi28H7/p6$；　　③$\phi60K7/h6$；

④$\phi50H7/js6$；　⑤$\phi50T7/h6$；　⑥$\phi25H7/r6$。

5. 已知下列三对孔、轴相配合。要求：分别计算三对配合的最大与最小间隙（X_{max}、X_{min}）或过盈（Y_{max}、Y_{min}）及配合公差。绘出公差带图，并说明它们的配合类别。

（1）孔：$\phi26^{+0.033}_{0}$；轴：$\phi26^{+0.065}_{+0.098}$。

（2）孔：$\phi37^{+0.007}_{+0.018}$；轴：$\phi37^{0}_{+0.016}$。

（3）孔：$\phi56^{+0.030}_{0}$；轴：$\phi56^{+0.060}_{+0.041}$。

第2章 形状和位置公差

　　开状和位置误差（简称"形位误差"）不仅会影响机械产品的质量（如工作精度、联结强度、运动平稳性、密封性、耐磨性、噪声和使用寿命等），而且会影响零件的互换性。例如，圆柱表面的形状误差，在间隙配合中会使间隙大小分布不均，造成局部磨损加快，从而降低零件的使用寿命；再如，在齿轮传动中，两轴承孔的轴线平行度误差（也属位置误差）过大，会降低轮齿的接触精度，影响使用寿命。要制造完全没有形位误差的零件，既不可能也无必要。因此，为了满足零件的使用要求，保证零件的互换性和制造的经济性，设计时不仅要控制尺寸误差和表面粗糙度，还必须合理控制零件的形位误差，即对零件规定形状和位置公差（简称"形位公差"）。

2.1 基 本 概 念

2.1.1 几何要素

　　几何要素是指构成零件几何特征的点、线、面。零件的球面、圆柱面、圆锥面、端面、轴线和球心等均为几何要素。几何要素可从不同角度来分类，具体如下。

　　1. 按结构特征分类

　　（1）轮廓要素。轮廓要素是指零件表面上的点、线、面各要素。

　　（2）中心要素。中心要素是指构成零件轮廓的对称中心的点、线、面。如零件的轴线、球心、圆心、两平行平面的中心平面等。

　　2. 按存在状态分类

　　（1）实际要素。实际要素是指零件上实际存在的要素。实际要素的状态通常由测量要素代替。

　　（2）理想要素。理想要素是指按设计要求，由图样上给定的点、线、面的理想状态。该要素不存在任何误差。

　　3. 按所处地位分类

　　（1）被测要素。被测要素是指在图样上给出形状公差和位置公差要求，从而成为检测对象的要素。

　　（2）基准要素。基准要素是指用来确定被测要素方向或位置的要素。理想基准要素简称"基准"。

　　4. 按功能关系分类

　　（1）单一要素。单一要素是指仅对其本身给出形状公差要求的要素。

　　（2）关联要素。关联要素是指对其他要素有功能关系的要素，即规定位置公差要素。

2.1.2 形位公差的特征、符号和标注

1. 形位公差的特征及符号

国家标准将形位公差特征分为 14 种，其名称及符号见表 2.1。

表 2.1　　　　　　　　形位公差名称及符号（摘自 GB/T 1182—1996）

形位公差特征项目符号					其他有关符号			
形状公差		位置公差			名称	符号	名称	符号
直线度	—	定向	平行度	//	最大实体要求	Ⓜ	被测要素标注	直接标注 〰
平行度	▱		垂直度	⊥	最小实体要求	Ⓛ		
圆度	○		倾斜度	∠	延伸公差带	Ⓟ		用字母标注 A 〰
圆柱度	⌭	定位	同轴度	◎	包容要求	Ⓔ		
轮廓度			对称度	═	可逆要求	Ⓡ		
线轮廓度	⌒	跳动	位置度	⊕	理论正确尺寸	50	基准要素标注	A 〰
			圆跳动	↗	全周轮廓	⟲		
面轮廓度	⌓		全跳动	⫽	基准目标	Φ20/AI		
					自由状态条件	Ⓕ		

2. 形位公差的标注示例

形位公差的标注示例，如图 2.1 所示。

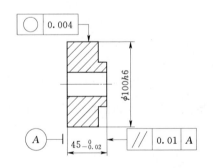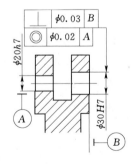

图 2.1　标注示例

图中各符号的含义为：

框格 ○ 0.004 中的○是圆度的符号，表示在垂直于轴线的任一正截面上，φ100 圆必须

位于半径差为公差值 0.004 的两同心圆之间。

　　框格 //|0.01|A 中的 // 是平行度的符号，表示零件右端面必须位于距离为公差值 0.01，且平行基准平面 A 的两平行平面之间。

　　框格 ⊥|φ0.03|B 中的 ⊥ 是垂直度的符号，表示零件上两孔轴线与基准平面 B 的垂直度误差，必须位于直径为公差值 0.03 的圆柱面范围内。

　　框格 ◎|φ0.02|A 中的 ◎ 是同轴度的符号，表示零件上两孔轴线的同轴度误差，φ30H7 的轴线必须位于直径为公差值 0.02，且与 φ20h7 基准孔轴线 A 同轴的圆柱面范围内。

　　符号Ⓐ是基准代号，它由基准符号（粗短线）、圆圈、连线和字母组成。圆圈的直径与框格的高度相同。字母的高度与图样中尺寸数字高度相同。

　　形状和位置公差的通则、定义、符号和图样表示法等，详见 GB/T 1182—2008《产品几何技术规范（GPS）几何公差、形状、方向、位置和跳动公差标准》、GB/T 1184—1996《形状和位置公差未注公差值》和 GB/T 16671—2009《产品几何技术规范（GPS）几何公差最大实体要求、最小实体要求和可逆要求》。

2.2　形状公差与位置公差

2.2.1　形状公差

　　形状公差是单一实际被测要素的形状对其理想要素所允许的变动量。形状公差包括直线度、平面度、圆度、圆柱度、线轮廓度及面轮廓度六个项目。各项目的名称、符号及分类见表 2.2。

表 2.2　　　　　　　　　　　　　形状公差带定义、标注和解释

公差项目	标注及解释	公差带说明
直线度	圆柱面的素线必须位于距离为公差值为 0.020mm 的两平行直线之间	在给定平面内，公差带是距离为公差值 t 的两平行直线之间的区域
	棱线必须位于距离为公差值 0.030mm 两平行平面之间	在给定方向上，公差带为两平行平面之间公差值为 t 的区域

公差项目	标 注 及 解 释	公 差 带 说 明
直线度	棱线必须位于由水平和垂直方向公差值分别为 0.20mm 和 0.10mm 的四棱柱内	在给定两个方向上，其公差带是正截面为 $t_1 \times t_2$ 的四棱柱内的区域
	圆柱体轴线必须位于直径为 $\phi0.01$mm 的圆柱面内	公差带是直径为公差值 t 的圆柱面内的区域
平面度	被测表面必须位于距离为公差值 0.10mm 的两平行平面内	公差带是距离为公差值 t 的两平行平面之间的区域
圆度	圆柱面任一正截面的圆周必须位于半径差为公差值 0.020mm 的两同心圆之间	公差带是垂直于轴线的任意正截面上半径差为公差值 t 的两同心圆之间的区域
	圆锥面任一正截面上的圆周必须位于半径为 0.01mm 的两同心圆之间	
圆柱度	被测圆柱面必须位于半径差为公差值 0.050mm 两同轴圆柱面之间	公差带是半径差为公差值 t 的两同轴圆柱面之间的区域

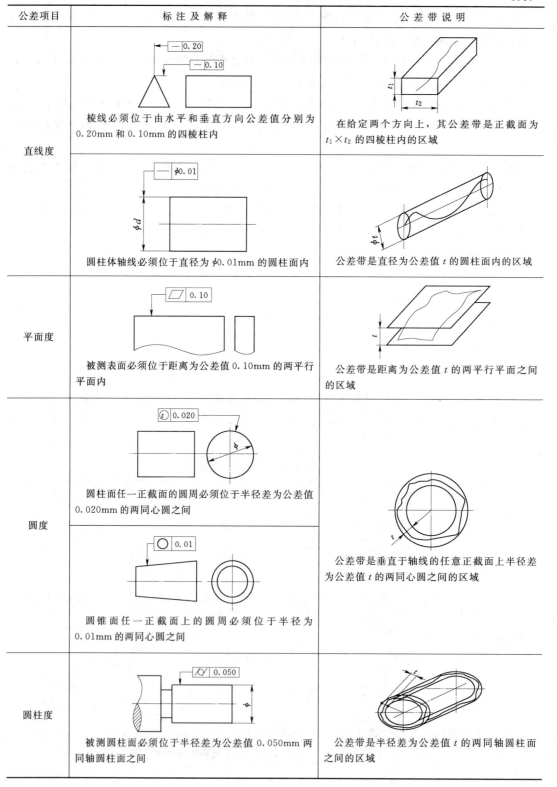

公差项目	标 注 及 解 释	公差带说明
线轮廓度	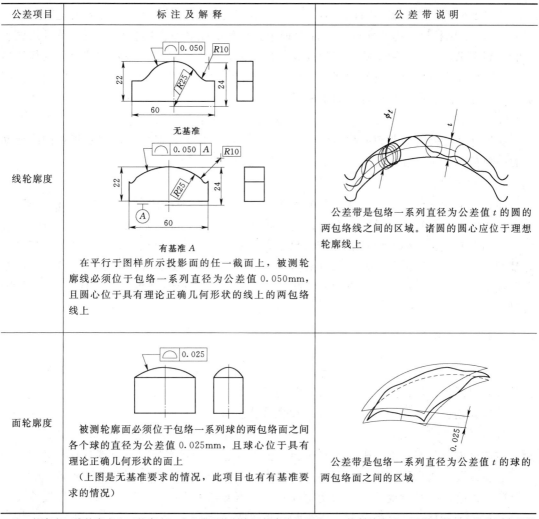 无基准 有基准 A 在平行于图样所示投影面的任一截面上，被测轮廓线必须位于包络一系列直径为公差值 0.050mm，且圆心位于具有理论正确几何形状的线上的两包络线上	公差带是包络一系列直径为公差值 t 的圆的两包络线之间的区域。诸圆的圆心应位于理想轮廓线上
面轮廓度	被测轮廓面必须位于包络一系列球的两包络面之间各个球的直径为公差值 0.025mm，且球心位于具有理论正确几何形状的面上 （上图是无基准要求的情况，此项目也有有基准要求的情况）	公差带是包络一系列直径为公差值 t 的球的两包络面之间的区域

注　轮廓度（线轮廓度和面轮廓度）公差带既控制实际轮廓线的形状，又控制其位置。严格地说，有基准要求的情况时轮廓度的公差应属于位置公差。

1. 直线度

直线度公差是限制实际线对理想直线变动量的一项指标。直线度公差带的定义及示例见表 2.2。直线度误差就是指实际直线对理想直线的变动量。

2. 平面度

平面度公差是限制实际平面对理想平面变动量的一项指标。平面度公差带的定义及示例见表 2.2。平面度误差就是实际被测平面对理想平面变动量。

3. 圆度

圆度公差是限制实际圆对理想圆变动量的一项指标。圆度公差带的定义及示例见表 2.2。圆度误差是实际圆对理想圆变动量。

圆度公差是对横截面为圆要素的控制要求。被测要素可以是圆柱面，也可以是圆锥面或曲面。被测部分可以是整圆，也可以是部分圆。

4. 圆柱度

圆柱度公差是限制实际圆柱面对理想圆柱面变动量的一项指标。圆柱度公差带定义示例见表 2.2。圆柱度误差是实际圆柱面对理想圆柱面的变动量。圆柱度公差仅是对圆柱表面的控制要求，它不能用于圆锥表面或其他形状的表面。圆柱度公差同时控制了圆柱体横剖面和轴剖面内各项形状误差，诸如圆度、素线直线度、轴线直线度误差等，因此圆柱度是圆柱面各项形状误差的综合控制指标。

5. 线轮廓度

线轮廓度公差是对非圆曲线形状误差的控制要求，它是限制实际曲线对理想曲线变动量的一项指标。线轮廓度公差带的定义和示例见表 2.2。

6. 面轮廓度

面轮廓度公差是对任意曲面或锥面形状误差的控制要求，它是限制实际曲面（锥面）对理想曲面（锥面）变动量的一项指标。面轮廓度公差带的定义示例见表 2.2。

轮廓误差是指实际被测轮廓对其理想轮廓的变动量。线轮廓度和面轮廓度公差如没有对基准的要求，则属形状公差；如有对基准的要求，则属位置公差。其公差带位置应由基准和理论正确尺寸（确定被测要素的理想形状、方向、位置的尺寸，称为理论正确尺寸。该尺寸不附带公差，在图样上用细实线方框围之）确定。

2.2.2　位置公差

位置公差是关联实际要素的方向或位置对基准所允许的变动全量。位置公差的检测对象是关联要素，所以位置公差中都有基准要素。

位置公差包含定向公差、定位公差和跳动公差三类公差项目。

1. 定向公差

定向公差包括平行度、垂直度和倾斜度公差。它是关联实际被测要素对具有确定方向的理想被测要素的允许变动量。理想被测要素的方向由基准和理论正确角度确定。

（1）平行度。平行度公差是限制实际被测要素对与基准平行（180°）的理想被测要素变动量的一项指标。平行度公差带定义和示例见表 2.3。

（2）垂直度。垂直度公差是限制实际被测要素对与基准垂直（90°）的理想被测要素的变动量的一项指标。垂直度公差带定义和示例见表 2.3。

（3）倾斜度。倾斜度公差是限制实际被测要素对与基准呈任意给定角度（0°，90°，180°除外）理想被测要素变动量的一项指标。被测要素与基准的倾斜角度必须用理论正确角度表示。倾斜度公差带定义及示例见表 2.3。

2. 定位公差

定位公差包括同轴度、对称度和位置度公差，是关联实际被测要素对具有确定位置的理想被测要素的允许变动量。理想被测要素的位置由基准和理论正确尺寸确定。

3. 跳动公差

跳动公差是针对特定的检测方式而定义的公差项目。它是指被测要素绕基准轴线回转过程中所允许的最大跳动量，也就是指示器在给定方向上指示的最大与最小读数之差的允许值。跳动公差包括圆跳动和全跳动。跳动公差带定义和示例见表 2.5。

表 2.3　　　　　　　　　　**定向公差带定义、标注和解释**

公差项目	标　注	解　释	公差带说明
平行度	①面对面 // 0.02 A A	被测表面必须位于距离为公差值 0.02mm，且平行于基准表面 A 的两平行平面之间	 基准平面 公差带是距离为公差值 t，且平行于基准面的两平行平面之间的区域
	②线对面 // 0.01 A ϕD A	工件被测轴线必须位于距离为公差值 0.01mm，且平行于基准平面 A 的两平行平面之间	 基准平面 公差带是距离公差值为 t，且平行于基准平面 A 的两平行平面之间的区域
	③面对线 // 0.05 A A	被测表面必须在距离为公差值 0.05mm，且平行于基准轴线 A 的两平行平面之间	 基准轴线 公差带距离公差值为 t，且平行于基准轴线 A 的两平行平面之间的区域
	④线对线 // 0.1 A ϕD A	被测轴线须位于距离为公差值 0.1mm，且给定方向上平行于基准轴线的两平行平面之间	 基准轴线 公差带是距离公差值为 t，且在给定方向上平行于基准轴线的两平行平面之间的区域
	给定两个方向 ϕD // 0.2 C // 0.1 C C	被测孔 ϕD 的轴线必须位于由水平和垂直方向，公差值分别为 0.2mm 和 0.1mm 的四棱柱，且平行于基准轴线的区域内	 基准轴线 公差带由水平和垂直方向，公差值分别为 t_1 和 t_2 四棱柱，且平行于基准轴线的区域内

公差项目	标　注	解　释	公差带说明
平行度	给定任意方向 	被测轴线必须位于直径为公差值 0.2mm，且平行于基准轴线的圆柱面	 公差带是直径为公差值 t，且平行于基准轴线的圆柱面内的区域
垂直度		被测端面必须位于距离为公差值 0.050mm，且垂直于基准轴线 A 的两平行平面之间（坐图标注是面对线的情况，另外三种情况线对线，面对面，线对面不一一介绍了，同平行度情况类似）	 公差带是距离为公差值 t，且垂直于基准轴线的两平行平面之间的区域
倾斜度		被测表面必须位于距离为公差值 0.080mm，且与基准面 A 成理论正确角度 45°的两平行平面之间	 公差带是距离为公差值 t，且与基准面 A 成理论正确角度 45°的两平行平面之间的区域

表 2.4　　　　　　　　　　　　**定位公差带定义、标注和解释**

特征		公差带定义	标注和解释
同轴度	轴线的同轴度	公差带是公差值 ϕt 的圆柱面的区域，该圆柱面的轴线与基准轴线同轴 基准轴线	大圆的轴线必须位于公差值 $\phi 0.1mm$，且与公共基准线 $A—B$（公共基准轴线）同轴的圆柱面内

续表

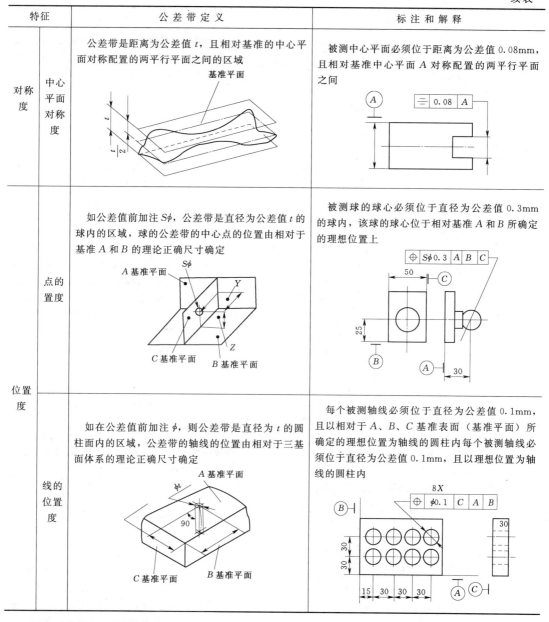

特征		公差带定义	标注和解释
对称度	中心平面对称度	公差带是距离为公差值 t，且相对基准的中心平面对称配置的两平行平面之间的区域	被测中心平面必须位于距离为公差值 0.08mm，且相对基准中心平面 A 对称配置的两平行平面之间
位置度	点的位置度	如公差值前加注 $S\phi$，公差带是直径为公差值 t 的球内的区域，球的公差带的中心点的位置由相对于基准 A 和 B 的理论正确尺寸确定	被测球的球心必须位于直径为公差值 0.3mm 的球内，该球的球心位于相对基准 A 和 B 所确定的理想位置上
位置度	线的位置度	如在公差值前加注 ϕ，则公差带是直径为 t 的圆柱面内的区域，公差带的轴线的位置由相对于三基面体系的理论正确尺寸确定	每个被测轴线必须位于直径为公差值 0.1mm，且以相对于 A、B、C 基准表面（基准平面）所确定的理想位置为轴线的圆柱内每个被测轴线必须位于直径为公差值 0.1mm，且以理想位置为轴线的圆柱内

（1）圆跳动。圆跳动公差是被测要素的某一个固定参考点围绕基准轴线旋转一周时（零件和测量仪器间无轴向位移）允许的最大变动量。圆跳动公差分为径向圆跳动、端面圆跳动和斜向圆跳动。圆跳动公差适用于各个不同的测量位置。公差带定义和示例见表 2.5。

径向圆跳动反映了该圆柱面轴线对基准轴线的同轴度误差和测量部位的圆表面的形状误差，但不能反映轴线直线度误差。端面圆跳动，反映了该端面部分平面度误差和垂直度误差。斜向圆跳动反映了该非圆柱回转表面的部分形状误差和同轴度误差。

表 2.5　　　　　　　　　　　　　**跳 动 公 差 带**

符号		公差带定义	标注及解释
圆跳动	径向圆跳动	公差带是在垂直于基准轴线的任一测量平面内半径差为公差值 t，且圆心在基准轴线上的两个同心圆之间的区域	当被侧要素绕基准线 A（基准轴线）做无轴向移动旋转一周时，在任一测量平面内的径向圆跳动量均不大于 0.2mm
	端面圆跳动	公差带是在与基准同轴的任一半径位置的测量圆柱面上距离为 t 的圆柱面区域	被测面绕基准线 A（基准轴线）做无轴向移动旋转一周时，在任一测量圆柱面内的轴向跳动量均不得大于 0.1mm
	斜向圆跳动	公差带是在与基准轴线同轴任一测量圆锥面上距离为 t 的两圆之间的区域。除另有规定，其测量方向应与被测面垂直	被测面绕基准线 C（基准轴线）做无轴向移动旋转一周时，在任一测量圆锥面上的跳动量均不得大于 0.1mm
全跳动	径向全跳动	公差带是半径为公差值 t，且与基准同轴的两圆柱面之间的区域	被测要素围绕基准线 A—B 做若干次旋转，并在测量仪器与工件间同时做轴向移动，此时在被测要素上各点间的示值差均不得大于 0.1mm，测量仪器或工件必须沿着基准轴线方向并相对于公共基准轴线 A—B 移动

符 号		公 差 带 定 义	标 注 及 解 释
全跳动	端面全跳动	公差带是距离为公差值 t，且与基准垂直的两平行平面之间的区域 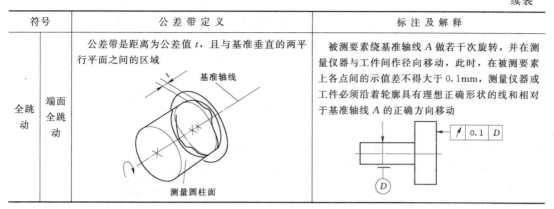	被测要素绕基准轴线 A 做若干次旋转，并在测量仪器与工件间作径向移动，此时，在被测要素上各点间的示值差不得大于 0.1mm，测量仪器或工件必须沿着轮廓具有理想正确形状的线和相对于基准轴线 A 的正确方向移动

（2）全跳动。全跳动公差是被测要素上各点围绕基准轴线旋转时允许的最大变动量。全跳动公差分为径向全跳动和端面全跳动。公差带定义和示例见表 2.5。

径向全跳动公差是综合性最强的指标之一，它可同时控制该圆柱面上的形状误差（圆度、圆柱度、素线和轴线直线度）和同轴度误差。端面全跳动公差也是综合性最强的指标之一。它可同时全面地控制该端面上的形状误差（平面度）和垂直度误差。

对于一个被测要素的跳动值，应在多个有代表性的不同位置进行测量，并取其最大值进行评定。

总之，形位公差带和尺寸公差带一样有上下限。影响形位公差带的有四个因素：形状、大小、方向、位置。公差带的形状：取决公差项目有两平行直线组成的区域；两平行平面组成的区域；两同心圆柱面之间的区域等。公差带的大小：是由给定的公差值决定，它确定了公差带形状的区域大小。公差带的方向：对于形状公差其放置方向应符合最小条件；对于位置公差其放置方向由被测要素和基准的几何关系来确定。公差带的位置：形状公差与实际尺寸大小无关；位置公差带与基准和尺寸性质有关。

2.3 形状与位置公差的应用

零件上要素的尺寸、形状和位置误差均影响零件的实际状态。为了保证设计要求，正确地判断零件是否合格，就必须进一步明确形状公差、位置公差和尺寸公差之间的内在联系和相互关系。处理各项公差关系的原则被称为公差原则。公差原则确定后，才能使设计、工艺、检验人员之间具有统一的认识，这对保证产品质量，进行正常生产极为重要。

2.3.1 独立原则及其应用

根据设计要求，形位公差与尺寸公差可以相互独立地规定，这种公差原则称为独立原则。

在图样标注中，凡是对给出的尺寸公差和形位公差未用特定的关系符号或文字说明的，则图样上所规定的各项要求（尺寸公差、形状公差、位置公差）均不相关，被测要素应分别满足各自的要求。即尺寸误差由尺寸公差控制，形位误差由形位公差控制，互不联系。尺寸公差与形位公差之间不存在补偿关系。

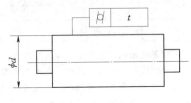

图 2.2　印染机械滚筒

采用独立原则确定的形位公差，检测时通常使用通用测量仪测出形位误差的具体值，而不采用综合量规，这虽然对检验人员的技术水平要求较高，但是给调整生产设备带来方便。

例如印刷机械中，印染机械的滚筒（图 2.2），主要控制其圆柱度误差，以保证印刷或印染时接触均匀，使图文或花样清晰，而圆柱体直径 d 的大小对印刷或印染品质并无影响。此时应采用独立原则，使圆柱度公差较严，而尺寸公差较宽。如果把尺寸公差规定较小来保证圆柱度要求（即用尺寸公差来控制形状误差），这显然是不经济的。说明零件功能要求只与尺寸或形位公差其中的一项有关，需采用独立原则。

2.3.2　包容原则及其应用

1. 包容原则

包容原则是要求实际要素处处位于具有理想形状的包容面内的一种公差原则，而理想形状的尺寸应为最大实体尺寸。它是在保证配合性能和装配互换性的前提下建立的，它的主要内容包括：

（1）当被测实际要素处于最大实体状态时，必须具有理想形状，不仅有理想形状，而且还应位于正确位置或正确方向上。被测实际要素偏离最大实体状态时，才允许有行为误差，其允许量等于实际要素偏离最大实体状态的偏离量。当实际要素处于最小实体状态时，允许的行为误差值最大。

（2）当基准实际要素的偶件偏离其理想边界时，只有基准要素的实际状态不超过它的理想边界，则允许基准轴线或中心面与基准要素理想边界轴线或中心面产生偏离。

（3）要素的局部实际尺寸有最大极限尺寸限制和最小极限尺寸限制。

2. 包容原则的应用

包容原则应用于单一要素。包容原则应用于单一要素时，在尺寸公差值或公差代号后必须加注符号Ⓔ。

图 2.3 所示的要求是：被测要素处于最大实体状态时，应是没有形状误差，直径分别为最大实体尺寸 D 和 d 的理想圆柱体。当被测实际要素偏离最大实体状态时，则允许存在形状误差。但实际要素的局部实际尺寸不能超过最小实体尺寸 $D+\beta$ 或 $d-\alpha$。

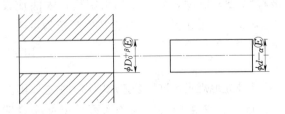

图 2.3　单一要素要求遵守包容原则示例

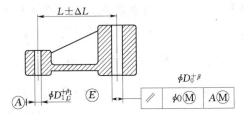

图 2.4　关联要素要求遵守包容原则示例

包容原则应用于关联要素时，应在公差框格内标注 0Ⓜ。

图 2.4 所示公差框格指示的要求是：当被测孔 D 和基准孔 D_1 处于最大实体状态时，

被测孔的轴线对基准孔轴线的平行度公差为零，即此时不允许存在平行度误差。此时被测孔直径为 D，且与基准平行的圆柱体。当被测孔的完工尺寸比最大实体尺寸偏大 t（$0 < t < \beta$）时，被测实际孔的几何偶件与最大实体状态间产生的总间隙为 t，因而允许被测孔轴线对基准 A 有 ϕt 的平行度误差。

2.3.3 最大实体原则及其应用

1. 最大实体原则

最大实体原则是被测要素或（和）基准要素偏离最大实体状态，而形状、定向、定位公差获得补偿的一种公差原则。

（1）当最大实体原则应用于被测要素时，则被测要素的形位公差值是在该要素处于最大实体状态时给定的。如被测要素偏离最大实体状态，则形位公差值允许增大，其最大增加量（即最大补偿值）为该要素的最大实体尺寸与最小实体尺寸之差。

（2）当最大实体原则应用于基准要素，而基准要素本身又要遵守包容原则时，则被测要素的位置要素的公差值是在该基准要素处于最大实体状态时给定的。如基准要素偏离最大实体状态，即基准要素的位置作用尺寸偏离最大实体尺寸时，被测要素的定向或定位公差值允许增大。

当最大实体原则应用于基准要素，而基准要素本身不要求遵守包容原则时，则被测要素的位置公差值是在基准要素处于实效状态时给定的。如基准要素偏离实效状态，即基准要素的作用尺寸偏离实效尺寸时，被测要素的定向或定位公差值允许增大。

2. 最大实体原则的应用

（1）用最大实体原则确定被测要素尺寸公差与行为公差的关系。

在用最大实体原则确定被测要素尺寸公差与行位公差的关系时，应在行位公差数值后面加注符号Ⓜ。

图 2.5 所示的销轴，根据装配互换性要求，确定销轴处于最大实体状态时，轴线直线度误差的允许值为 ϕt。由此可见，与销轴相配的具有理想形状的孔径至少为 $\phi(d+t)$（实效尺寸）。若销轴处于最小实体状态，轴线直线度误差仍为 ϕt，则此时作用尺寸为 $\phi(d-\alpha+t)$ 的几何偶件与实效尺寸为 $\phi(d+t)$ 的作用尺寸之间存在的间隙为 α。显然，这个装配间隙能补偿给轴线的直线度公差，即在销轴处于最小实体状态时，轴线直线度误差可超过图纸上给定的数值 ϕt，甚至可达到 $\phi(\alpha+t)$，仍可与 $\phi(d+t)$ 的孔径自由装配。

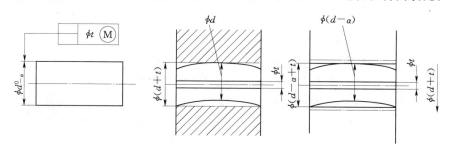

图 2.5 最大实体原则应用示例

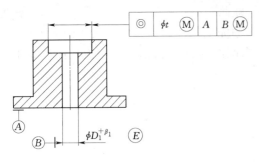

图 2.6　最大实体原则应用示例

显然轴线直线度公差所获得的补偿量与实际完工尺寸有关。最大实体原则仅适用于装配组件中的单个零件，与相配零件无关。即不能在单个零件偏离最大实体状态时去增大另一相配零件的形位公差，否则就破坏了互换性原则。

（2）用最大实体原则确定基准要素尺寸公差与被测要素形位公差的关系。

用最大实体原则确定基准要素尺寸公差与被测要素形位公差的关系时，在公差框格基准字母后加注符号Ⓜ。

图 2.6 所示的公差框格表示，当被测孔 D 和基准孔 D_1 都处在最大实体状态时，同轴度公差带是直径为 ϕt 的圆柱体。这个零件能够装配的最坏情况是，被测孔和基准孔均处于最大实体状态，同轴度误差又为允许的最大值 ϕt。

复 习 思 考 题

1. 形位公差包括几项内容要求？

2. 若同一要素需同时采用形状公差、定向公差、定位公差时，三者的关系如何处理？

3. 圆度公差带与径向圆跳动公差有何共同点和不同点？某一圆柱面给定径向跳动公差值 t，能否说若径向圆跳动未超差，则圆度误差也必不超差，为什么？

4. 试将下列技术要求标注在图 2.7 上。

（1）$\phi 30K7$ 和 $\phi 50M7$ 采用包容原则。

（2）底面 F 的平面度公差为 0.02mm；$\phi 30K7$ 孔和 $\phi 50M7$ 孔的内端面对它们的公共轴线的圆跳动公差为 0.04mm。

（3）$\phi 30K7$ 孔和 $\phi 50M7$ 孔对它们的公共轴线的同轴度公差为 0.03mm。

（4）6—$\phi 11H10$ 对 $\phi 50M7$ 孔的轴线和 F 面的位置度公差为 0.05mm，基准要素的尺寸和被测要素的位置度公差应用最大实体要求。

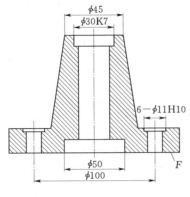

图 2.7　复习思考题 4 图

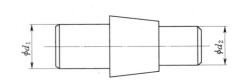

图 2.8　复习思考题 5 图

5. 将下列技术要求标注在图 2.8。

（1）圆锥面的圆度公差为 0.01mm，圆锥素线直线度公差为 0.02mm。

（2）圆锥轴线对 ϕd_1 和 ϕd_2 两圆柱面公共轴线的同轴度为 0.05mm。

（3）端面 I 对 ϕd_1 和 ϕd_2 两圆柱面公共轴线的端面圆跳动公差为 0.03mm。

（4）ϕd_1 和 ϕd_2 圆柱面的圆柱度公差分别为 0.008mm 和 0.006mm。

第 3 章　表 面 粗 糙 度

3.1　主要术语及评定参数

3.1.1　主要术语

1. 取样长度 l

用于判别具有表面粗糙度特征的一段基准线长度，称为取样长度。规定和选择取样长度是为了限制和减弱表面波纹度对表面粗糙度测量结果的影响，l 过长，表面粗糙度测得值会把表面波纹度包括进去；l 过短，不能反映表面粗糙度的实际状况，一般在 l 内应包含五个以上的峰和谷。

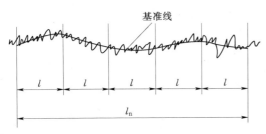

图 3.1　取样长度和评定长度

2. 评定长度 l_n

评定长度是评定轮廓所必需的一段长度，评定长度包括一个或几个取样长度，由于零件表面各部分的表面粗糙不一定很均匀，在一个取样长度上往往不能合理地反映某一表面粗糙度特征，故需在表面上取几个取样长度来评定表面粗糙度，如图 3.1 所示。一般取 $l_n = 5l$。对于均匀性良好的表面，评定长度 $l_n < 5l$；均匀性较差的表面，评定长度 $l_n > 5l$，见表 3.1。

表 3.1　　　　　　　　　　　　取样长度 l 和评定长度 l_n 的选用值

参数及数值（μm）		l	l_n
R_a	R_y、R_z	（mm）	$l_n = 5l$(mm)
$\geqslant 0.008 \sim 0.02$	$\geqslant 0.025 \sim 0.10$	0.08	0.4
$> 0.02 \sim 0.1$	$> 0.10 \sim 0.50$	0.25	1.25
$> 0.1 \sim 0.2$	$> 0.50 \sim 10.0$	0.8	0.4
$> 2.0 \sim 10.0$	$> 10.0 \sim 50.0$	2.5	12.5
$> 10.0 \sim 80.0$	$> 50 \sim 320$	8.0	40.0

注　对于微观不平度间距较大的端铣、滚铣及其他大进给走刀量的加工表面，应按标准中规定的取样长度系列选取较大的取样长度值。

3. 轮廓中线

轮廓中线是评定表面粗糙度参数值大小的一条参考线。中线的几何形状与工件表面几何轮廓的走向一致。中线包括轮廓的最小二乘中线和轮廓的算术平均中线。

（1）轮廓的最小二乘中线。根据实际轮廓用最小二乘法确定的划分轮廓的基准线。即在取样长度内，使被测轮廓上各点至一条假想线距离的平方和最小（图 3.2），这条假想线就是最小二乘中线。

最小二乘中线符合最小二乘原则。从理论上讲，是很理想的基准线。但实际上很难确切地找到它，故很少应用。

（2）轮廓的算术平均中线。在取样长度内，由一条假想线将实际轮廓分成上下两个部分且使上部分面积之和等于下部分面积之和（图 3.3）这条假想线就是算术平均中线。算术平均中线与最小二乘中线相差很小，实用中常用它来代替最小二乘中线。通常用目测估计的办法来确定它。

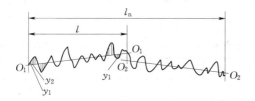 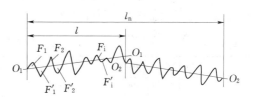

图 3.2　最小二乘中线　　　　　　　　　图 3.3　算术平均中线

O_1O_1、O_2O_2—最小二乘中线　　　　　　O_1O_1、O_2O_2—算术平均中线

3.1.2　评定参数

反映表面粗糙度大小的特征参数有最大轮廓峰高 R_p、最大轮廓谷深 R_v、轮廓最大高度 R_z、轮廓点高度 R_t、轮廓算术平均偏差 R_a 等。下面介绍常用参数 R_a 和 R_z。

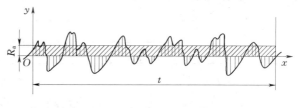

图 3.4　轮廓算术平均偏差 R_a

1. 轮廓算术平均偏差 R_a

在取样长度 l 内，被测轮廓上各点至基准线的偏距 y_i 的绝对值的算术平均值，称为轮廓算术平均偏差。如图 3.4 所示，计算式为

$$R_a = \frac{1}{l}\int_0^l |y|\,\mathrm{d}x \tag{3.1}$$

$$或近似为 \ R_a = \frac{1}{n}\sum_{i=1}^n y_i \tag{3.2}$$

式中　n——在取样长度内所测点的数目。

2. 微观不平度十点平均高度 R_z

在取样长度 l 内，被测轮廓上 5 个最大轮廓峰高的平均值与 5 个最大轮廓谷深的平均值之和。称为微观不平度十点平均高度。如图 3.5 所示。公式表示为

$$R_z = \frac{(h_2 + h_4 + \cdots + h_{10})(h_1 + h_3 + \cdots + h_5)}{5} \tag{3.3}$$

表面粗糙度的国家标准（GB/T 1031—1995《表面粗糙度及其数值》）规定，高度特

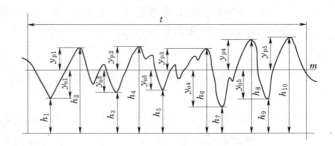

图 3.5 微观不平度十点平均高度 R_z

征参数是基本评定参数，而间距和形状特征参数是附加评定参数。评定表面粗糙度的 R_a 和 R_z 参数值分别见表 3.2 和表 3.3。

表 3.2	轮廓算术平均偏差 R_a 值				单位：μm
R_a	0.012	0.1	0.8	6.3	50
	0.025	0.2	1.6	12.5	100
	0.05	0.4	3.2	25	

表 3.3	微观不平度十点高度 R_z、轮廓最大高度 R_y 的数值					单位：μm
R_z、R_y	0.025	0.2	1.6	12.5	100	800
	0.05	0.4	3.2	25	200	1600
	0.1	0.8	6.3	50	400	

3.2 表面粗糙度的选择

3.2.1 评定参数选择

1. 轮廓算术平均偏差 R_a

轮廓算术平均偏差是国家标准推荐优先选用的高度特性参数，R_a 能反映表面微观几何形状特征及轮廓凸峰高度，且测量较方便。一般情况下，在常用参数范围内（R_a 为 $0.025\sim0.63\mu m$，R_z 为 $0.1\sim25\mu m$）优先选用 R_a。

2. 微观不平度十点高度 R_z

微观不平度十点高度适用于光学仪器测量（$R_z>6.3\mu m$，$R_z<0.02\mu m$ 范围时，光学测量仪器测 R_z 较方便）。当直接测量 R_a 较困难，或只需评定表面微观轮廓的高度而不需评定其微观几何特征的情况下，方可选用 R_z。

3. 轮廓最大高度 R_y

轮廓最大高度应用于被测表面面积很小或表面不允许出现较深的加工痕迹的零件。

4. 轮廓微观不平度的平均间距 S_m 和轮廓的单峰平均间距 S

轮廓微观不平度的平均间距和轮廓的单峰平均间距可控制表面的加工痕迹的疏密，影响涂漆性能、抗腐性和抗振性等。

5. 轮廓支承长度率 t_p

轮廓支承长度率反映表面的耐磨性很直观，同时也反映了表面的接触刚度及密封性等。

3.2.2 表面粗糙度的选择原则

选择表面粗糙度参数的一般原则如下：

（1）在满足零件使用功能和保证寿命的前提下，应尽可能选用较低的表面粗糙度，从而获得良好的经济效果。

（2）对于同一零件，其工作表面的粗糙度应低于非工作表面的粗糙度。

（3）摩擦表面应比非摩擦表面的表面粗糙度参数值要小；滚动摩擦表面应比滑动摩擦表面的表面粗糙度参数值要小；运动速度高、单位压力大的摩擦表面应比运动速度低、单位压力小的摩擦表面的表面粗糙度参数值要小。受循环负荷及易于引起应力集中部位（如圆角、沟槽）的表面，其表面粗糙度参数值要小。

（4）配合性质要求高的结合面、配合间隙小的间隙配合表面以及要求连接可靠、受重载的过盈配合表面等，都应选用较小的表面粗糙度数值。轴比孔的表面粗糙度参数值要小。

表面粗糙度的选择，在通常情况下，尺寸公差等级和表面形状公差等级要求高时，其表面粗糙度也相应要求高。表面形状公差值（t）、尺寸公差值（T）和表面粗糙度 R_a、R_z 的经验对应关系见表 3.4。

表 3.4　　　R_a、R_z 与形状公差及尺寸公差 T 的关系

分　级	t 和 T 的关系	R_a 和 T 的关系	R_z 和 T 的关系
普通精度	$t \approx 0.6T$	$R_a \leqslant 0.05T$	$R_z \leqslant 0.2T$
较高精度	$t \approx 0.4T$	$R_a \leqslant 0.025T$	$R_z \leqslant 0.1T$
提高精度	$t \approx 0.25T$	$R_a \leqslant 0.012T$	$R_z \leqslant 0.05T$
高精度	$t < 0.25T$	$R_a \leqslant 0.15T$	$R_z \leqslant 0.6T$

3.3　表面粗糙度代号

3.3.1 表面粗糙度的符号

GB/T 131—2006《产品几何技术规范（GPS）技术产品文件中表面结构的表示法》规定了零件表面粗糙度符号及其在图样上的标注法，在图样上给定的表面特征代（符）号，是表示零件加工完成后对表面的要求。表面粗糙度的符号及其意义说明见表 3.5。

表面粗糙度高度参数轮廓算术平均偏差 R_a 值的标注见表 3.6，R_a 在代号中用数值表示（单位为微米），参数值前可不标注参数代号。

表 3.5　　　　　表面粗糙度的符号及其意义（摘自 GB/T 131—1993）

符　　号	意 义 及 说 明
√	基本符号，表示表面可用任何方法获得。当不加注粗糙度参数值或有关说明（例如表面处理、局部热处理状况等）时，仅适用于简化代号标注
▽	基本符号加一短划，表示表面是用去除材料的方法获得。例如车、铣、钻、磨、剪切、抛光、腐蚀、电火花加工、气割等
◇	基本符号加一小圆，表示表面是用不去除材料的方法获得。例如铸、锻、冲压变形、热轧、冷轧、粉末冶金等。或者是用于保持原供应状况的表面（包括保持上道工序的状况）
√ ▽ ◇	在上述三个符号的长边上均可加一横线，用于标注有关参数和说明
√ ▽ ◇	在上述三个符号上均可加一小圆，表示所有表面具有相同的表面粗糙度要求

表 3.6　　　　　　　　　表面粗糙度高度参数的标注

代　号	意　义	代　号	意　义
$\dfrac{3.2}{}$ √	用任何方法获得的表面粗糙度，R_a 的上限值为 3.2 μm	3.2max √	用任何方法获得的表面粗糙度，R_a 的最大值为 3.2 μm
$\dfrac{3.2}{}$ ▽	用去除材料方法获得的表面粗糙度，R_a 的上限值为 3.2 μm	3.2max ▽	用去除材料方法获得的表面粗糙度，R_a 的最大值为 3.2 μm
$\dfrac{3.2}{}$ ◇	用不去除材料方法获得的表面粗糙度，R_a 的上限值为 3.2 μm	3.2max ◇	用不去除材料方法获得的表面粗糙度，R_a 的最大值为 3.2 μm
3.2 1.6 ▽	用去除材料方法获得的表面粗糙度，R_a 的上限值为 3.2 μm，R_a 的下限值为 1.6 μm	3.2max 1.6min ▽	用去除材料方法获得的表面粗糙度，R_a 的最大值为 3.2 μm，R_a 的最小值为 1.6 μm

3.3.2　表面粗糙度的代号及其标注

表面粗糙度数值及其有关的规定在符号中注写的位置如图 3.6 所示。

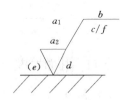

图 3.6　表面粗糙度代号的标注

a_1、a_2——粗糙度高度参数代号及其数值，μm；

b——加工要求、镀覆、涂覆、表面处理或其他说明等；

c——取样长度（mm）或波纹度（μm）；

d——加工纹理方向符号；

e——加工余量，mm；

f——粗糙度间距参数值，mm，或轮廓支承长度率

3.3.3 标注举例

表面粗糙度符号、代号一般注在可见轮廓线、尺寸界线、引出线或它们的延长线上。符号的尖端必须从材料外指向表面，如图 3.7、图 3.8 所示。

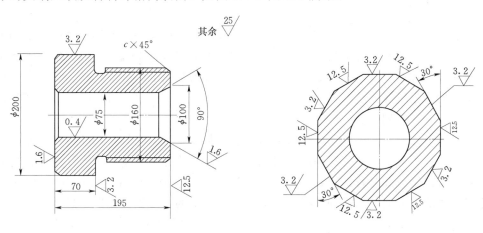

图 3.7 表面粗糙度代号的基本标注方法　　　图 3.8 不同位置表面上表面粗糙度代号的标注

复 习 思 考 题

1. 国家标准规定的表面粗糙度评定参数有哪些？哪些是基本参数？哪些是附加参数？

2. 评定表面粗糙度时，为什么要规定取样长度？有了取样长度，为什么还要规定评定长度？

3. 评定表面粗糙度时，为什么要规定轮廓中线？

4. 将表面粗糙度符号标注在图 3.9 上，要求

(1) 用任何方法加工圆柱面 ϕd_3，R_a 最大允许值为 $3.2\mu m$。

(2) 用去除材料的方法获得孔 ϕd_1，要求 R_a 最大允许值为 $3.2\mu m$。

(3) 用去除材料的方法获得表面 a，要求 R_y 最大允许值为 $3.2\mu m$。

(4) 其余用去除材料的方法获得表面，要求 R_a 允许值均为 $25\mu m$。

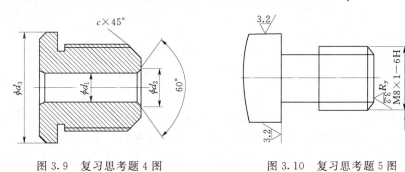

图 3.9 复习思考题 4 图　　　　　图 3.10 复习思考题 5 图

5. 指出图 3.10 中标注中的错误，并加以改正。

第4章 材料的力学性能

材料的力学性能主要是指材料的宏观性能，如弹性性能、塑性性能、硬度、抗冲击性能等。它们是设计各种工程结构时选用材料的主要依据。各种工程材料的力学性能是按照有关标准规定的方法和程序，用相应的试验设备和仪器测出的。表征材料力学性能的各种参量同材料的化学组成、晶体点阵、晶粒大小、外力特性（静力、动力、冲击力等）、温度、加工方式等一系列内、外因素有关。

材料在外力作用下发生变形，如果外力不超过某个限度，在外力卸除后恢复原状。材料的这种性能称为弹性。外力卸除后即可消失的变形，称为弹性变形。当作用在材料上的载荷超过某一限度，此时若卸除载荷，大部分变形随之消失（弹性变形部分），但还是留下了不能消失的部分变形。这种不随载荷的去除而消失的变形称为塑性变形，也称为永久变形。

掌握材料力学性能的变化规律，对于正确选择材料，明确提高材料力学性能的方向和途径，具有十分重要的意义。常见材料的力学性能包括强度、塑性、硬度、冲击韧性及疲劳强度等。

4.1　强　度　和　塑　性

将被测材料制成如图 4.1 所示的标准试样参见 GB 6397—1986《金属拉伸试样》，图

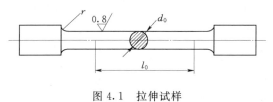

图 4.1　拉伸试样

4.1 中 d_0 为试样直径，l_0 为测定塑性用的标距长度。试验时，将圆柱形状光滑试样装夹在拉伸试验机上，沿试样轴向以一定速度施加载荷，通过力与位移传感器可获得载荷（P）与试样伸长量（Δl）之间的关系曲线，称为拉伸曲线或 $P-\Delta l$ 曲线，如图 4.2（a）所示。随着轴向拉伸力不断增加，试样被逐渐拉长，直至拉断。

若将纵坐标以应力 σ（$\sigma = P/A_0$，A_0 为试样原始截面积）表示，横坐标以应变 ε（$\varepsilon = \Delta l/l_0$，$l_0$ 为试样标距）表示，则这时的曲线与试样的尺寸无关，称为应力—应变曲线（$\sigma-\varepsilon$ 曲线），如图 4.2（b）所示。

通过拉伸试验可以揭示材料在静载荷作用下的力学行为，即弹性变形、塑性变形、断裂三个基本过程，还可以确定材料的最基本的力学性能指标——强度与塑性。

如图 4.2（b）所示的低碳钢的拉伸曲线可以看出，整个拉伸过程可分为以下四个阶段。

（1）弹性阶段。这一阶段可分为两部分：开始段斜直线 OA' 和微弯曲线 $A'A$。斜直线 OA' 表示力 F 与伸长量 Δl 为线性关系，应力与应变也成正比变化，除去试验力后，试样

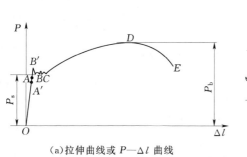

(a)拉伸曲线或 $P-\Delta l$ 曲线

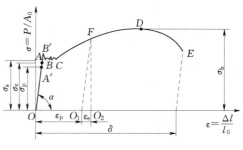

(b)应力—应变曲线($\sigma-\varepsilon$ 曲线)

图 4.2　拉伸曲线

将恢复到原始长度。此直线段的斜率即材料的弹性模量 E，即 $E=\sigma/\varepsilon$。它表征材料对弹性变形的抗力。直线最高点 A' 的应力"称为比例极限"。当应力不超过比例极限 σ_p 时，材料服从胡克定律；当试件应力小于 A 点应力时，试件只产生弹性变形；若应力超过 σ_e，则试件除弹性变形外还产生塑性变形。

（2）屈服阶段。应力到达 B' 点后，$\sigma-\varepsilon$ 曲线图上第一次出现倒退，由 B' 点倒退至 B 点，而后应力几乎不变，但此时的应变却显著增加，这种现象称为屈服。曲线上的 $B'C$ 段称为屈服阶段，此阶段产生显著的塑性变形。若试件表面比较光滑，在试件表面出现与轴线约成 45°的一系列迹线。因为在 45°的斜截面上作用着数值最大的剪应力，所以这些迹线即是材料沿最大剪应力作用面发生滑移的结果，这些迹线称为滑移线。

（3）强化阶段。试件内所有晶粒都发生了一定程度滑移之后，沿晶粒错动面产生了新的阻力，屈服现象终止。要使试件继续变形，必须增加外力，这种现象称为材料强化。由屈服终止的 C 点到 D 点称为材料强化阶段，曲线的 CD 段向右上方倾斜。强化阶段的变形绝大部分也是塑性变形，同时整个试件的横向尺寸明显缩小。D 点是 $\sigma-\varepsilon$ 曲线上的最高点，D 点的应力 σ_b 称为强度极限（或抗拉强度）。

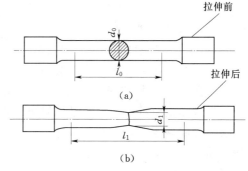

图 4.3　颈缩示意图

（4）颈缩阶段。D 点过后，试件局部显著变细，出现"颈缩"现象（图 4.3）。由于"颈缩"，试件截面显著缩小，因此使试件继续变形所需的载荷反而减小，到达 E 点时试件断裂。

4.1.1　强度

金属材料在载荷作用下抵抗塑性变形或断裂的能力称为强度。强度的大小通常用应力来表示，强度愈高，材料所能承受的载荷愈大。

根据载荷作用方式的不同，强度可分为抗拉强度、抗压强度、抗弯强度、抗剪强度和抗扭强度 5 种。工程上常以屈服强度和抗拉强度作为强度指标。

　　抗拉强度是通过金属拉伸试验测定的，通常在拉伸试验机上进行。拉伸试验的方法是用静拉力对标准试样进行缓慢的轴向拉伸，同时连续测量力和伸长量，直至试样断裂，根据测得的数据，得出有关的力学性能。

　　1. 屈服强度 σ_s

　　屈服强度和屈服点相对应，屈服点是指金属发生塑性变形的那一点，所对应的强度成为屈服强度，它是指材料产生屈服时的最小应力。在拉伸试验过程中，载荷不增加（保持恒定），试样仍能继续伸长时的应力称为屈服强度，用符号 σ_s。表示，计算公式如下

$$\sigma_s = \frac{P_s}{A_0} \tag{4.1}$$

式中　　σ_s——屈服强度，MPa；

　　　　P_s——试样屈服时的载荷，N；

　　　　A_0——试样原始横截面积，mm^2。

　　工业上使用的许多金属材料，在拉伸试验过程中，没有明显的屈服现象。对于许多没有明显屈服现象的金属材料，用"规定残余伸长应力"作为相应的强度指标。拉伸试验方法在 GB/T 228—2010《金属材料　拉伸试验　第 1 部分：室温试验方法》中规定：当试样卸除拉伸力后，其标距部分的残余伸长达到规定的原始标距百分比时的应力，作为规定残余伸长应力（σ_r）。表示此应力的符号应附以角标说明，例如，$\sigma_{r0.2}$ 表示规定残余伸长率为 0.2% 时的应力。

$$\sigma_r = \frac{P_r}{A_0} \tag{4.2}$$

式中　　σ_r——规定残余伸长应力，MPa；

　　　　P_r——产生规定残余伸长时的试验力，N；

　　　　A_0——试样原始截面积，mm^2。

　　GB 228—1976 曾将产生 0.2% 残余伸长率的规定伸长应力 $\sigma_{r0.2}$ 称为屈服强度，以 $\sigma_{0.2}$ 表示。目前一些技术资料仍沿用这一术语。

　　屈服强度 σ_s 和规定残余伸长应力 $\sigma_{0.2}$ 都是衡量金属材料塑性变形抗力的指标。机械零件在工作时如受力过大，则因过量的塑性变形而失效。当零件工作时所受的应力低于材料的屈服强度或规定的残余伸长应力，则不会产生过量的塑性变形。材料的屈服强度或规定的残余伸长应力越高，允许的工作应力也越高，则零件的截面尺寸及自身质量就可以减小。因此，材料的屈服强度或规定的残余伸长应力是机械零件设计的主要依据，也是评定金属材料性能的重要指标。

　　屈服强度是对组织、成分敏感的性能，可以通过热处理、合金化以及塑性变形等方法在很大范围内变化。提高材料的屈服强度往往是热处理、合金化以及塑性变形的主要目的之一。

　　2. 抗拉强度 σ_b

　　材料在拉伸过程中所能承受的最大载荷与原始截面积之比称为抗拉强度（也称强度极限）用符号 σ_b 表示。计算公式如下

$$\sigma_b = \frac{P_b}{A_0} \tag{4.3}$$

式中 σ_b——抗拉强度，MPa；

P_b——试样拉断前的最大载荷，N；

A_0——试样原始横截面积，mm^2。

由图 4.2 可见，对塑性材料来说，在 P_b 以前试样均匀变形，而在 P_b 以后变形将集中在颈部。强度极限表征材料对最大均匀塑性变形的抗力，它在技术上非常重要，工程上把抗拉强度作为设计时的主要依据之一，也是材料的主要力学性能指标之一。零件在工作中所承受的应力，不允许超过抗拉强度，否则会产生断裂。σ_b 也是机械零件设计和选材的重要依据。

4.1.2 塑性

金属材料在载荷作用下产生塑性变形而不断裂的能力称为塑性。塑性指标也是由拉伸试验测得的，常用伸长率和断面收缩率来表示。

1. 伸长率

试样拉断后，标距的伸长量与原始标距的百分比称为伸长率，以 δ 表示。

$$\delta = \frac{l_1 - l_0}{l_0} \times 100\% \tag{4.4}$$

式中 l_0——试样原始标距长度，mm；

l_1——试样拉断后的标距长度，mm。

必须注意，伸长率的数值与试样尺寸有关，所以试验时应对所选定的试样尺寸做出规定，以便进行比较。如 $l_0 = 5d_0$ 时，用 δ_5 表示；$l_0 = l_0 d_0$ 时，用 δ_{10} 或 δ 表示。

2. 断面收缩率

试样拉断后，缩颈处横截面积的缩减量与原始横截面积的百分比称为断面收缩率，材料的塑性也可用断面收缩率 ψ 表示

$$\psi = \frac{A_0 - A_1}{A_0} \times 100\% \tag{4.5}$$

式中 A_0——试样的原始截面面积，mm^2；

A_1——试样拉断后，端口处截面面积，mm^2。

一般认为，$\delta_{10} \geq 5\%$ 的材料为塑性材料，$\delta_{10} < 5\%$ 的材料为脆性材料。

δ 和 ψ 值愈大，材料的塑性愈好。良好的塑性不仅是金属材料进行轧制、锻压、冲压、焊接的必要条件，而且在使用时万一超载，由于产生塑性变形，能够避免突然断裂。塑性好的金属可以发生大量塑性变形而不破坏，也易于加工成复杂形状的零件。例如，工业纯铁的 δ 可达 50%，ψ 可达 80%，可以拉制细丝，轧制薄板等。铸铁 δ 的几乎为零，所以不能进行塑性变形加工。

4.2 硬 度

硬度能够反映出金属材料在化学成分、金相组织和热处理状态上的差异，是检验产品

质量、研制新材料和确定合理的加工工艺所不可缺少的检测性能之一。同时硬度试验是金属力学性能试验中最简便、最迅速的一种方法。

硬度实际是指一个小的金属表面或小的体积内抵抗弹性变形、塑性变形或抵抗破裂的一种抗力，因此硬度不是一个单纯的确定的物理量，不是基本的力学性能指标，而是一个由材料的弹性、强度、塑性、韧性等一系列不同力学性能组成的综合性能指标，所以硬度所表示的量不仅决定于材料本身，而且还取决于试验方法和试验条件。

硬度试验方法有很多，一般可分为三类：①压入法，如布氏硬度、洛氏硬度、维氏硬度、显微硬度；②划痕法，如莫氏硬度；③回跳法，如肖氏硬度等。目前机械制造生产中应用最广泛的硬度是布氏硬度、洛氏硬度和维氏硬度。

4.2.1 布氏硬度

布氏硬度的测定原理是用一定大小的试验力 F(N)，把直径为 D(mm) 的淬火钢球或

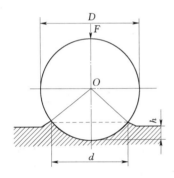

图 4.4 布氏硬度试验原理图

硬质合金球压入被测金属的表面（图 4.4），保持规定的时间后卸除试验力，用读数显微镜测出压痕平均直径 d(mm)，然后按公式求出布氏硬度 HB 值，或者根据 d 从已备好的布氏硬度表中查出 HB 值。

4.2.2 洛氏硬度

洛氏硬度试验是目前应用最广的性能试验方法，它是采用直接测量压痕深度来确定硬度值的。布氏硬度的表示符号为 HBS 和 HBW 两种。压头为淬火钢球时用 HBS 表示，一般适用于测量软灰铸铁、有色金属等布氏硬度值在450以下的材料。压头为硬质合金球时，用 HBW 表示，适用于布氏硬度值在 650 以下的材料。符号 HBS 或 HBW 之前的数字为硬度值，符号后面按以下顺序用数字表示试验条件：①球体直径；②试验力；③试验力保持的时间（10～15s，不标注）。

例如，250HBS10/1000/25 表示用直径 10mm 的淬火钢球，在 9806N(1000kgf) 试验力的作用下，保持 25s 时测得的布氏硬度值为 250。470HBW5/750 表示用直径 5mm 的硬质合金球，在 7355N(750kgf) 试验力的作用下，保持 10～15s 时测得的布氏硬度值为 470。

洛氏硬度 HRC 可以用于硬度很高的材料，操作简便迅速，而且压痕很小，几乎不损伤工作表面，故在钢件热处理质量检查中应用最多。但由于压痕小，硬度值代表性就差些。如果材料有偏析或组织不均匀的情况，则所测硬度值的重复性差，故需在试样不同部位测定三点，取其算术平均值。

4.2.3 维氏硬度

维氏硬度以锥角为 136° 的金刚石棱锥体为压头，以 HV 表示维氏硬度符号，它的值等于载荷值除以压痕的总面积。在实际测定时，只要量出压痕的对角线长度，就可查表得到它们的硬度值。维氏硬度试验所用压力可根据试样的大小、厚薄等条件来选择，可测定

很软到很硬的各种材料。由于所加压力小，压入深度较浅，故可测定较薄材料和各种表面渗层．且准确度高。但维氏硬度试验时需测量压痕对角线的长度，测试手续较繁。不如洛氏硬度试验法那样简单、迅速，不适宜成批生产的常规检验。

4.3　韧　　　性

韧性是表示材料在塑性变形和断裂过程中吸收能量的能力。韧性越好，则发生脆性断裂的可能性越小。韧性的材料比较柔软，它的拉伸断裂伸长率、抗冲击强度较大；硬度、拉伸强度和拉伸弹性模量相对较小。

脆性是指当外力达到一定限度时，材料发生无先兆的突然破坏，且破坏时无明显塑性变形的性质。脆性材料力学性能的特点是抗压强度远大于抗拉强度，破坏时的极限应变值极小。

4.4　疲　劳　强　度

金属材料在无限多次交变载荷作用下而不破坏的最大应力称为疲劳强度或疲劳极限。

实际上，金属材料并不可能作无限多次交变载荷试验。一般试验时规定，钢在经受 10^7 次、非铁（有色）金属材料经受 10^8 次交变载荷作用时不产生断裂时的最大应力称为疲劳强度。当施加的交变应力是对称循环应力时，所得的疲劳强度用 σ_{-1} 表示。许多机械零件，如轴、齿轮、轴承、叶片、弹簧等，在工作过程中各点的应力随时间作周期性的变化，这种随时间作周期性变化的应力称为交变应力（也称循环应力）。在交变应力的作用下，虽然零件所承受的应力低于材料的屈服点，但经过较长时间的工作后产生裂纹或突然发生完全断裂的现象称为金属的疲劳。

疲劳破坏是机械零件失效的主要原因之一。据统计，在机械零件失效中大约有 80% 以上属于疲劳破坏，而且疲劳破坏前没有明显的变形，所以疲劳破坏经常造成重大事故，因此，对于轴、齿轮、轴承、叶片、弹簧等承受交变载荷的零件要选择疲劳强度较好的材料来制造。

4.5　金属材料的物理和工艺性能

4.5.1　物理性能

材料的物理性能含义广泛，是工程材料固有的一些属性，如密度、熔点、热膨胀性、磁性、导电性与导热性等。

1. 密度

材料的密度是指单位体积中材料的质量。不同材料的相对密度各不相同。常用金属材料的密度见表 4.1。

表 4.1 常用金属的物理性能

金属名称	符号	密度 ρ (kg/m³)×10³ (20℃)	熔点 (℃)	热导率 λ W/(m·K)	线胀系数 α (0~100℃) ℃⁻¹×10⁻⁶	电阻率 (Ω·m)×10⁸ (℃)
银	Ag	10.49	960.8	418.6	19.7	1.5
铝	Al	2.6984	660.1	221.9	23.6	2.655
铜	Cu	8.96	1083	393.5	17.0	1.67~1.68 (20℃)
铬	Cr	7.19	1903	67	6.2	12.9
铁	Fe	7.84	1538	75.4	11.76	9.7
镁	Mg	1.74	650	153.7	24.3	4.47
锰	Mn	7.43	1244	4.98 (−192℃)	37	185 (20℃)
镍	Ni	8.88	1453	92.1	13.4	6.84
钛	Ti	4.508	1677	15.1	8.2	42.1~47.8
锡	Sn	7.298	231.91	62.8	2.3	11.5
钨	W	19.3	3380	166.2	4.6 (20℃)	5.1

2. 熔点

熔点是指材料由固态转变为液态时的熔化温度。金属都有固定的熔点，常用金属的熔点见表4.1。陶瓷的熔点一般都显著高于金属及合金的熔点，而高分子材料一般不是完全晶体，所以没有固定的熔点。

3. 磁性

材料能导磁的性能称为磁性。磁性材料又分为容易磁化、导磁性良好，但外磁场去掉后，磁性基本消失的软磁性材料（如电工用纯铁、硅钢片等）和去磁后，保持磁场，磁性不易消失的硬磁性材料（如淬火的钴钢、稀土钴等）。许多金属如 Fe（铁）、Ni（镍）、Co（钴）等均具有较高的磁性。但也有许多金属如 Al（铝）、Cu（铜）、Pb（铅）等是无磁性的。非金属材料一般无磁性。

4. 热膨胀性

一般材料都具有热胀冷缩的特点，热胀冷缩是金属材料随温度变化而发生的体积发生膨胀或收缩的特性，工程计算中常用线膨胀系数（α）表示。线膨胀系数的含义是温度上升1℃时，材料单位长度伸长量。常用金属的线膨胀系数见表4.1。精密仪器或机械零件，热膨胀性是一个非常重要的性能指标。在异种金属焊接时，常因材料的热膨胀性相差过大而使焊件变形或破坏。一般，陶瓷的线膨胀系数最低，金属次之，高分子材料最高。

在工程实际中，许多场合要考虑热膨胀性。例如，相互配合的柴油机活塞与缸套，既要往复运动又要保证气密性，间隙很小，要选用热膨胀系数小且热膨胀性能接近的材料；铺设铁轨时，两根钢轨衔接处应留有一定空隙，使钢轨在长度方向有伸缩的余地；制定热加工工艺时，应考虑材料的热膨胀影响，尽量减小工件的变形和开裂等。

5. 导热性

材料的导热性用热导率（亦称导热系数）λ来表示。材料的热导率越大，说明导热性越好。一般来说，金属越纯，其导热能力越大，金属的导热能力以 Ag（银）为最好，Cu

（铜）、Al（铝）次之。常用金属的热导率见表 4.1。金属及合金的热导率远高于非金属材料。

　　导热率是金属材料的重要性能之一。导热性好的材料其散热性也好，可用来制造热交换器等传热设备的零部件。在制订各类热加工工艺时，必须考虑材料的导热性，以防止材料在加热或冷却过程中，由于表面和内部产生温差，膨胀不同形成过大的内应力，引起材料发生变形或开裂。

4.5.2　工艺性能

　　工程材料的工艺性能是指其在加工条件下成形能力的性能。如金属材料的铸造性能、锻压性能、焊接性能、热处理性能、切削加工性能等。工程材料的工艺性能好坏，决定着它的加工成形的难易程度，会直接影响制造零件的工艺方法、质量以及制造成本。

　　1. 铸造性能

　　铸造性能是指用金属液体浇注铸件时，金属易成形并获得优质铸件的性能。流动性好，收缩率小、偏析倾向小时表示铸造性能好的指标。在金属材料中，铸铁和青铜的铸造性较好。

　　2. 锻造性能

　　锻造性能一般用金属材料的可锻性来衡量。可锻性是指材料是否易于进行压力加工的性能。一般钢的可锻性良好，而铸铁不能进行压力加工。

　　3. 焊接性能

　　焊接性能一般用材料的可焊性来衡量。可焊性是指材料是否易于焊接在一起并能保证焊缝质量的性能。可焊性好坏一般用焊接处出现各种缺陷的倾向来评定。低碳钢的可焊性较好，而铸铁和铝合金的可焊性差。某些工程塑料也有良好的可焊性，但工程塑料与金属的焊接机制及工艺方法有所不同。

　　4. 切削加工性能

　　切削加工性能是指材料在切削加工时的难易程度。它与材料的种类、成分、硬度、韧性、导热性及内部组织状态等许多因素有关。切削加工性好的材料切削容易，对刀具磨损小，加工出的工件表面也比较光滑。铸铁、铜合金、铝合金及一般碳钢的切削加工性能较好。非金属材料与金属材料的切削加工工艺要求不同。

复 习 思 考 题

　　1. 说明下列力学性能指标的意义。

　　　　E；σ_s；α_k；δ；ψ；HBS；HRC；HV

　　2. 碳钢拉伸图大致可分几个阶段？各阶段有何特征？

　　3. 说明布氏硬度、洛氏硬度和维氏硬度的实验原理和优缺点。

　　4. 说明疲劳强度的含义。

第5章 金属的组织结构

自然界的固态物质，根据原子在内部的排列特征可分为晶体与非晶体两大类。

晶体是指其内部的原子按一定几何形状作有规则的周期性排列，如金刚石、石墨及固态金属与合金都是晶体。

非晶体内部的原子无规则地排列在一起，如松香、沥青、玻璃等。晶体具有固定的熔点和各向异性的特征，而非晶体没有固定熔点，且各向同性。

5.1 纯金属的晶体结构与结晶

5.1.1 纯金属的晶体结构

1. 晶体结构的基本概念

晶体结构就是晶体内部原子排列的方式及特征。

（1）晶格——抽象的、用于描述原子在晶体中规则排列的空间几何图形。晶格中直线的交点称为结点。

（2）晶胞——能代表晶格特征的最小几何单元。

（3）晶格常数——各种晶体由于其晶格类型与晶格常数不同，故呈现出不同的物理、化学及力学性能。

简单立方晶格与晶胞示意图如图 5.1 所示。

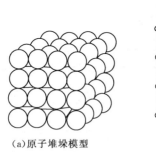
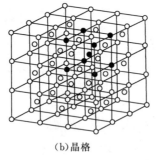
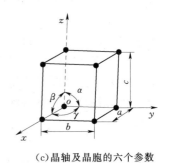

(a)原子堆垛模型　　　　　　　(b)晶格　　　　　　　(c)晶轴及晶胞的六个参数

图 5.1　简单立方晶格与晶胞示意图

2. 常见金属的晶格类型

（1）体心立方晶格。体心立方晶格的晶胞为一立方体，立方体的八个顶角各排列一个原子，立方体中心有一个原子。属于这种晶格类型的金属有 α 铁、Cr（铬）、W（钨）、Mo（钼）、V（钒）等。

（2）面心立方晶格。面心立方晶格的晶胞也是一个立方体，立方体的八个顶角和六个面的中心各排列着一个原子。属于这种晶格类型的金属有 γ 铁、Al（铝）、Cu（铜）、Ni

（镍）、Au（金）、Ag（银）等。

（3）密排六方晶格。密排六方晶格的晶胞是一个六方柱体，柱体的 12 个顶点和上、下面中心各排列一个原子，六方柱体的中间还有三个原子。属这种晶格类型的金属有 Mg（镁）、Zn（锌）、Be（铍）、α—Ti 等。

晶格类型不同，原子排列的致密度（晶胞中原子所占体积与晶胞体积的比值）也不同。晶格类型发生变化，将引起金属体积和性能的变化。

5.1.2　纯金属的结晶

1. 结晶的概念

金属的结晶是指金属由液态转变为固态的过程。

2. 纯金属的冷却曲线

纯金属的结晶都是在一定温度下进行的，它的冷却结晶过程可用图 5.2 所示的冷却曲线来描述。

由冷却曲线可见，液态金属随着冷却时间的延长，它所含的热量不断散失，温度也不断下降，但是当冷却到某一温度时，温度随时间延长并不变化，在冷却曲线上出现了"平台"，"平台"对应的温度是纯金属实际结晶温度。出现"平台"的原因，是结晶时放出的潜在热正好补偿了金属向外界散失的热量。结晶完成后，由于金属继续向环境散热，温度又重新下降。

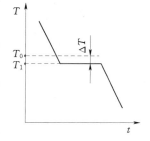

图 5.2　纯金属的冷却曲线

需要指出的是，图中 T_0 为理论结晶温度，金属实际结晶温度 T_1 总是低于理论结晶温度 T_0 的现象，称为"过冷现象"；理论结晶温度和实际结晶温度之差称为过冷度，以 ΔT 表示。$\Delta T = T_0 - T_1$。金属结晶时温度的大小与冷却速度有关，冷却速度越大，过冷度就越大，金属的实际结晶温度越低。

3. 纯金属的结晶过程

纯金属的结晶过程发生在冷却曲线上平台所经历的这段时间。液态金属结晶时，都是首先在液态中出现一些微小的晶体——晶核，它不断长大，同时新晶核又不断产生并相继长大，直至液态金属全部消失为止，如图 5.3 所示。因此金属的结晶包括晶核的形成和晶核的长大两个基本过程，并且这两个过程是同时进行的。

（1）晶核的形成　如图 5.3 所示，当液态金属冷至结晶温度以下时，某些类似晶体原子排列的小集团便成为结晶核心，这种由液态金属内部自发形成结晶核心的过程称为自发形核。而在实际金属中常有杂质的存在，这种液态金属依附于这些杂质更容易形成晶核。这种依附于杂质或型壁而形成晶核的过程称为非自发形核。自发形核和非自发形核在金属结晶时是同时进行的，但非自发形核常起优先和主导作用。

（2）晶核的长大　晶核形成后，当过冷度较大或金属中存在杂质时，金属晶体常以树枝状的形式长大。在晶核形成初期，外形一般比较规则，但随着晶核的长大，形成了晶体的顶角和棱边，此处散热条件优于其他部位，因此在顶角和棱边处以较大成长速度形成枝干。同理，在枝干的长大过程中，又会不断生出分支，最后填满枝干的空间，结果形成树

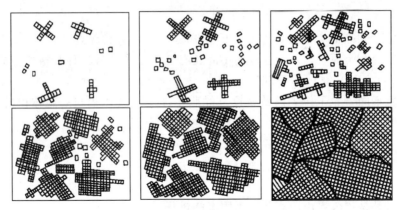

图 5.3　纯金属的结晶过程

枝状晶体，简称枝晶。

　　4. 金属结晶后的晶粒大小

　　金属结晶后晶粒大小对金属的力学性能有重大影响，一般来说，细晶粒金属具有较高的强度和韧性。因此，为了提高金属的力学性能，得到细晶组织，就必须了解影响晶粒大小的因素及控制方法。

　　结晶后的晶粒大小主要取决于形核率 N 与晶核的长大速率 G。显然，凡能促进形核率 N，抑制长大速率 G 的因素，均能细化晶粒。

　　（1）增加过冷度　　形核率和长大速率都随过冷度增大而增大，但在很大范围内形核率比晶核长大速率增长得更快。故过冷度越大，单位体积中晶粒数目越多，晶粒细化。

　　实际生产中，通过加快冷却速度来增大过冷度，这对于大型零件显然不易办到，因此这种方法只适用于中、小型铸件。

　　（2）变质处理　　在液态金属结晶前加入一些细小变质剂，使结晶时形核率 N 增加，而长大速率 G 降低，这种细化晶粒方法称为变质处理。

　　此外，采用机械振动、超声波和电磁波振动等，增加结晶动力，使枝晶破碎，也间接增加形核核心，同样可细化晶粒。

5.1.3　实际金属的晶体结构

　　1. 单晶体与多晶体

　　如果一块金属内部的晶格位向完全一致，称为单晶体。金属单晶体只能靠特殊方法制得。实际使用的金属材料都是由许多晶格位向不同的微小晶粒组成的，称为多晶体（图 5.4）。晶粒与晶粒之间的界面称为晶界。

　　2. 晶体缺陷

　　在金属晶体中，由于晶体形成条件、原子的热运动及其他各种因素的影响，原子规则排列在局部区域受到破坏，排列形态呈现出不完整，通常把这种区域称为晶体缺陷。

　　根据晶体缺陷存在的几何形式特点，分为点缺陷、线缺

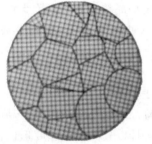

图 5.4　多晶体示意图

陷、面缺陷三大类。

（1）点缺陷。点缺陷是指在空间三个方向尺寸都很小的缺陷，最常见的点缺陷是晶格空位和间隙原子，如图 5.5 所示。晶格中某个原子脱离了平衡位置，形成了空结点，称为空位。某个晶格间隙中挤进了原子，称为间隙原子。缺陷的出现破坏了原子间的平衡状态，使晶格发生扭曲，称为晶格畸变。晶格畸变将使晶体性能发生改变，如强度、硬度和电阻增加。

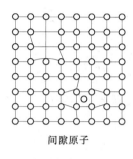

图 5.5　晶格点缺陷示意图　　　图 5.6　刃形位错晶体结构示意图

空位和间隙原子的运动也是晶体中原子扩散的主要方式之一，这对金属热处理是极其重要的。

（2）线缺陷。线缺陷主要指的是位错。最常见的位错形态是刃形位错，如图 5.6 所示。这种位错的表现形式是晶体的某一晶面上，多出一个半原子面，它如同刀刃一样插入晶体，故称刃形位错（图 5.6），在位错线附近一定范围内，晶格发生了畸变。

位错的存在对金属的力学性能有很大的影响，例如金属材料处于退火状态时，位错密度较低，强度较差；经冷塑性变形后，材料的位错密度增加，故提高了强度。位错在晶体中易于移动，金属材料的塑性变形是通过位错运动来实现的。

（3）面缺陷。面缺陷通常指的是晶界和亚晶界，如图 5.7 和图 5.8 所示。实际金属材料都是多晶体结构，多晶体中两个相邻晶粒之间晶格位向是不同的，所以晶界处是不同位向晶粒原子排列无规则的过渡层。晶界原子处于不稳定状态，能量较高，因此晶界与晶粒内部有着一系列不同特性，例如，常温下晶界有较高的强度和硬度；晶界处原子扩散速度较快；晶界处容易被腐蚀、熔点低等。亚晶界处原子排列也是不规则的，其作用与晶界相似。

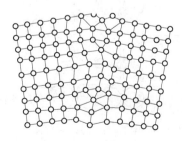
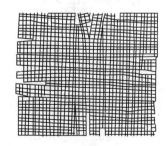

图 5.7　晶界的过渡结构示意图　　　图 5.8　亚晶界示意图

实际金属是一个多晶体结构。在一个晶粒内部，存在许多更细小的晶块，它们之间晶格位向很小，通常小于 2°～3°，这些小晶块称为压晶粒（也称镶嵌块）。压晶粒之间的界面称为亚晶界。

由于晶界处原子排列不规则，偏离平衡位置，因而使晶界处能量较晶粒内部要高，引起晶界的性能与晶粒内部不同。常温下，晶界处不易产生塑性变形，所以晶界处硬度和强度较晶内高。晶粒越细小，晶界亦越多，则金属的硬度和强度亦越高。

5.2　二元合金的晶体结构与结晶

5.2.1　合金的基本概念

合金是一种金属元素与其他金属元素或非金属元素通过熔炼或其他方法结合而成的具有金属特性的材料。

1. 组元

组成合金的最基本的独立物质称为组元，简称元。组元可以是金属元素、非金属元素或稳定化合物。根据组元数目的多少，合金可分为二元合金、三元合金和多元合金。例如，普通黄铜就是由铜和锌两个组元组成的二元合金，硬铝是由铝、铜、镁或铝、铜、锰组成的三元合金。

2. 相

在合金中成分、结构及性能相同的组成部分称为相。相与相之间具有明显的界面。数量、形态、大小和分布方式不同的各种相组成合金组织。

固态合金中的相，按其组元原子的存在方式可分为固溶体和金属化合物两大类。

（1）固溶体。固溶体是一种组元的原子溶入另一组元的晶格中所形成的均匀固相。溶入的元素称为溶质，而基体元素称为溶剂。固溶体仍然保持溶剂的晶格类型。根据溶质原子在溶剂晶格中所占位置不同，固溶体可分为置换固溶体和间隙固溶体两类。

1）溶质原子占据晶格结点位置而形成的固溶体叫置换固溶体（图 5.9）。按在置换固溶体中的溶解度不同，又可分为有限固溶体和无限固溶体。

2）溶质原子占据溶剂晶格间隙所形成的固溶体称为间隙固溶体，如图 5.10 所示。

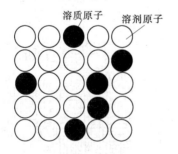
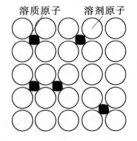

图 5.9　置换固溶体　　　　图 5.10　间隙固溶体

由于溶质原子的溶入，会引起固溶体晶格发生畸变，使合金的强度、硬度提高，塑性、韧性有所下降。这种通过溶入原子，使合金强度和硬度提高的方法叫做固溶强化。固溶强化是提高材料力学性能的重要途径之一。

（2）金属化合物。金属化合物是合金元素间发生相互作用而生成的具有金属性质的一种新相，其晶格和类型不同于合金中的任意组元元素。

金属化合物一般具有复杂的晶体结构，熔点高，硬而脆。当合金中出现金属化合物时，通常能提高合金的强度、硬度和耐磨性，但会降低塑性和韧性。金属化合物是各种合金钢、硬质合金及许多非铁金属的重要组成相。

5.2.2　二元均晶相图

两组元在液态和固态下均能无限互溶所构成的相图称为二元匀晶相图。属于该类相图的合金有 Cu—Ni、Fe—Cr、Au—Ag 等。下面以 Cu—Ni 合金为例，对二元合金结晶过程进行分析。

1. 相图分析

图 5.11 为 Cu—Ni 均晶相图，图中 A 点、B 点分别是纯铜和纯镍的熔点，AaB 线是合金开始结晶的温度线，称为液相线；AbB 线是合金结晶终了的温度线，称为固相线。

液相线以上为单一液相区，以 L 表示；固相线以下是单一固相区，以 α 表示固溶体；液相线与固相线之间为液相和固相两相共存区，以 $L+\alpha$ 表示。

2. 合金的结晶过程

以 $w_{Ni}=60\%$ 的合金为例说明合金的结晶过程。由图 5.11 可见，当合金以极缓慢速度冷至 t_1 时，开始从液相中析出 α，随着温度不断降低，α 相不断增多，而剩余的液相 L 不断减少，并且液相和固相的成分通过原子扩散分别沿着液相线和固相线变化。当结晶终了时，获得与原合金成分相同的 α 相固溶体。

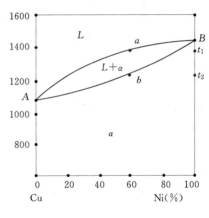

图 5.11　Cu—Ni 二元均晶相图

3. 枝晶偏析

合金在结晶过程中，只有在极其缓慢冷却条件下原子具有充分扩散的能力，固相的成分才能沿固相线均匀变化。但在实际生产条件下，冷却速度较快，原子扩散来不及充分进行，导致先后结晶出的固相成分存在差异，这种晶粒内部化学成分不均匀现象称为晶内偏析（又称枝晶偏析）。

偏析的存在，严重降低了合金的力学性能和加工工艺性能，生产中常采取扩散退火工艺来消除它。

5.3　铁　碳　合　金

铁碳合金，是以铁和碳为组元的二元合金。铁基材料中应用最多的一类——碳钢和铸铁，就是一种工业铁碳合金材料。

5.3.1　铁的同素异构转变

自然界中大多数金属结晶后晶格类型都不再变化，但少数金属，如 Fe（铁）、Co（钴）、Ti（钛）、Sn（锡）、Mn（锰）等，随着温度或压力的变化晶格类型会改变。在固态下，随温度或压力的改变由一种晶格转变为另一种晶格的现象称为同素异构转变。具有同素异构转变的以不同晶格形式存在的同一金属元素的晶体称为该金属的同素异构体。如图 5.12 所示为纯铁的冷却曲线。由图可见，液态纯铁在 1538℃进行结晶，得到具有体心立方晶格的 δ—Fe，继续冷却到 1394℃时发生同素异构转变，δ—Fe 转变为面心立方晶格的 γ—Fe，再冷却到 912℃时又发生同素异构转变，γ—Fe 转变为体心立方晶格的 α—Fe，如再继续冷却到室温，晶格的类型不再发生变化。这些转变可以用下式表示

$$\delta—Fe(体心) \underset{}{\overset{1394℃}{\rightleftharpoons}} \gamma—Fe(面心) \underset{}{\overset{912℃}{\rightleftharpoons}} \alpha—Fe(体心)$$
$$（体心立方晶格）　　　（面心立方晶格）　　　（体心立方晶格）$$

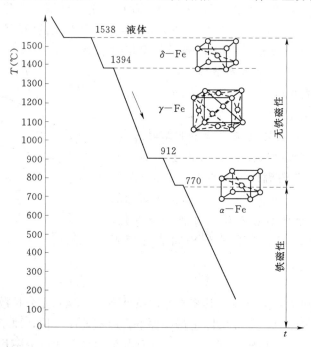

图 5.12　纯铁的冷却曲线

同素异构转变时，新晶格的晶核优先在原来晶粒的晶界处形核；转变需要较大的过冷度；晶格的变化伴随着金属体积的变化，转变时产生较大的内应力。例如 γ—Fe 转变为 α—Fe 时，铁的体积会膨胀约 1%，这是钢热处理时引起内应力，导致工件变形和开裂的重要原因。

5.3.2　铁碳相图

铁碳合金相图是研究铁碳合金的工具，是研究碳钢和铸铁成分、温度、组织和性能之间关系的理论基础，也是制定各种热加工工艺的依据。

工业纯铁虽然塑性、导磁性能良好，但强度不高，不宜制作结构件。在纯铁中加入少量碳元素，由于铁和碳的交互作用，可形成 5 种基本组织：铁素体、奥氏体、渗碳体、珠光体、莱氏体。

1. 铁素体

碳溶解在 α—Fe 中形成的间隙固溶体称为铁素体，用符号 F 来表示，它仍保持 α—Fe 的体心立方结构。

铁的溶碳能力决定于晶格中原子间隙的大小，只有当晶格中原子间隙的半径与碳原子的半径接近时，碳原子才能溶入晶格空隙中去。据计算，α—Fe 体心立方晶格中最大的空隙半径为 0.36Å，而碳原子的半径在自由状态下为 0.77Å。根据以上分析，在 α—Fe 中几乎不能溶解碳原子。但实验证明，在 α—Fe 中可以溶解微量的碳原子，其溶解量在室温时约为 0.0008%。这是因为 α—Fe 中存在着晶体缺陷，晶体结构中的空位、位错和晶界附近都是碳原子可能存在的地方。随着温度的升高，晶体缺陷增多，到 727℃ 时溶碳量逐渐增加到 0.0218%。随着温度的降低，α—Fe 中的溶碳量逐渐减小，在室温时碳的溶解度几乎等于零。

由于铁素体的碳的质量分数低，所以铁素体的性能与纯铁相似，即具有良好的塑性和韧性，而强度和硬度较低。

与纯铁相同，铁素体在 770℃ 以下时呈铁磁性。在显微镜下观察铁素体为均匀明亮的多边形晶粒，其显微组织如图 5.13 所示。

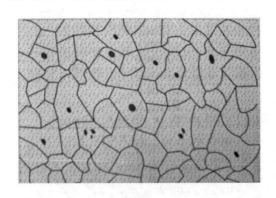 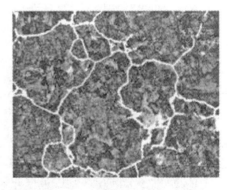

图 5.13 铁素体的显微组织   图 5.14 奥氏体的显微组织

2. 奥氏体

碳溶解在 γ—Fe 中形成的间隙固溶体称为奥氏体，常用符号 A 来表示。奥氏体仍保持面心立方结构。由于 γ—Fe 是面心立方晶格，而 γ—Fe 的最大空隙半径为 0.52Å，略小于碳原子的半径，其晶格的间隙较大，故奥氏体的溶碳能力较强，比 α—Fe 来得高。在 1148℃ 时溶碳量可达 2.11% 的最大溶解度，随着温度的下降，溶解度逐渐减小，在 727℃ 时溶碳量为 0.77%。

奥氏体是一个软而富有塑性的相，其强度和硬度不高，但具有良好的塑性，其机械性能与碳的质量分数和温度有关。它是绝大多数钢在高温进行锻造和轧制时所要求的组织。与铁素体不同，奥氏体不呈现铁磁性。如图 5.14 所示为奥氏体的显微组织。由图可见，奥氏体晶粒呈多边形，晶界较铁素体平直，晶内常有孪晶出现。

3. 渗碳体

渗碳体是碳的质量分数为 6.69% 的铁与碳的金属化合物，其化学式为 Fe_3C。渗碳体是一种间隙化合物，具有复杂的斜方晶体结构，与铁和碳的晶体结构完全不同。渗碳体的熔点为 1227℃，硬度很高（约为 800HBS），塑性很差，伸长率和冲击韧度几乎为零，是一个硬而脆的组织。渗碳体在固态下不发生同素异构转变，它在 230℃ 以下具有弱铁磁性，在此温度以上则失去铁磁性。

渗碳体可与其他元素形成置换固溶体，其中碳原子可被其他非金属元素原子（氮等）所置换，而铁原子则可被其他金属元素原子（铬、锰等）所置换。这种以渗碳体晶格为基础的固溶体称为合金固溶体。在合金钢和合金铸铁中经常会遇到这种相。

渗碳体在钢及铸铁中与其他相共存时，可以呈片状、粒状、网状或板状。渗碳体是碳钢中主要的强化相，它的形态、大小及分布对钢的力学性能影响很大。

渗碳体在适当条件下（如高温长期停留或缓慢冷却）能分解为铁和石墨，这对铸铁具有重要的意义。

4. 珠光体

珠光体是铁素体和渗碳体的机械混合物，用符号 P 表示。在放大倍数较高的显微镜下，可清楚地看到它是渗碳体和铁素体片层相间、交替排列形成的混合物。如图 5.15 所示为珠光体的显微组织。

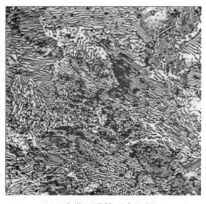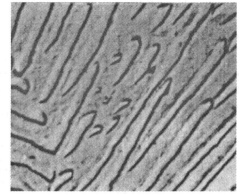

(a)光学显微镜观察组织　　　　　　　　(b)电子显微镜观察组织

图 5.15　珠光体显微组织

在缓慢冷却条件下，珠光体碳的质量分数是 0.77%。由于珠光体是由硬的渗碳体和软的铁素体组成的混合物，所以其力学性能取决于铁素体和渗碳体的性能。大体上是两者性能的平均值，故珠光体的强度较高，硬度适中，具有一定的塑性。

5. 莱氏体

莱氏体是铁碳合金中的共晶混合物，即碳的质量分数为 4.3% 的液态铁碳合金，在 1148℃ 时从液相中同时结晶出的奥氏体和渗碳体的混合物。用符号 L_d 表示。由于奥氏体在 727℃ 时还将转变为珠光体，所以在室温下的莱氏体由珠光体和渗碳体组成。为区别起见，将 727℃ 以上的莱氏体称为高温莱氏体（L_d），727℃ 以下的莱氏体称为低温莱氏体（L_d'）。

　　莱氏体的性能和渗碳体相似，硬度很高（相当于 700HBS），塑性很差。

　　上述 5 种基本组织中，铁素体、奥氏体和渗碳体都是单相组织，称为铁碳合金的基本相；珠光体、莱氏体则是由基本相混合组成的多相组织。

5.3.3　铁碳合金的平衡结晶过程与组织转变

　　铁碳合金相图是表示在缓慢冷却（或缓慢加热）的条件下，不同成分的铁碳合金的状态或组织随温度变化规律的简明图解，它是选择材料和制定有关热加工工艺的重要依据。

　　1. 铁碳合金相图的组成

　　在铁碳合金中，铁和碳可以形成一系列的化合物，如 Fe_3C，Fe_2C，FeC 等。而工业用铁碳合金碳的质量分数一般不超过 5%，因为碳的质量分数更高的铁碳合金，脆性很大，难以加工，没有实用价值。因此，研究的铁碳合金只限于 $Fe—Fe_3C$ 范围内，故铁碳合金相图也可以认为是 $Fe—Fe_3C$ 相图。

　　如图 5.16 所示为 $Fe—Fe_3C$ 相图。图中纵坐标为温度，横坐标为碳的质量分数。为了便于掌握和分析 $Fe—Fe_3C$ 相图，将相图上实用意义不大的左上角部分（液相向 $\delta—Fe$ 及 $\delta—Fe$ 向 $\gamma—Fe$ 转变部分）以及左下角 GPQ 线左边部分予以省略。经简化后的 $Fe—Fe_3C$ 相图如图 5.17 所示。

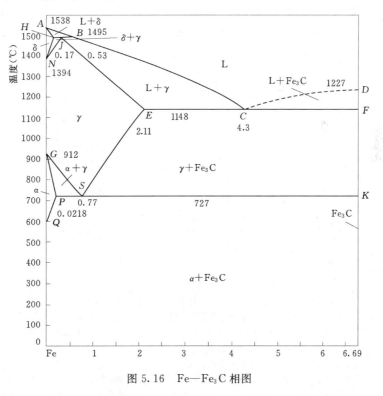

图 5.16　$Fe—Fe_3C$ 相图

　　2. 铁碳合金状态图上的特性点

　　$Fe—Fe_3C$ 相图中几个主要特性点的温度、碳的质量分数及其物理含义如表 5.1 所示。铁碳合金状态图中的特性点均采用固定的字母表示。各特性点的成分、温度数据是随着被

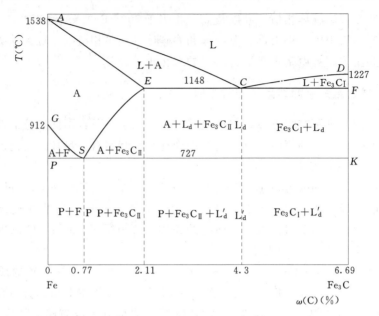

图 5.17 简化后的 Fe—Fe₃C 相图

测材料的纯度提高和测试技术的进步而不断趋于精确的，所以，图中特性点的位置在各种资料中往往略有不同。简化后的 Fe—Fe₃C 相图可视为由两个简单的典型二元相图组合而成。图中的右上部分为共晶转变的相图，左下部分为共析转变类型的相图。

表 5.1　　　　　　　　　　　　相图中各点的温度、含碳量及含义

点的符号	温度（℃）	碳的质量百分数（%）	含　义
A	1538	0	纯铁的熔点
C	1148	4.3	共晶点
D	1227	6.69	渗碳体的熔点
E	1148	2.11	碳在 γ—Fe 中的最大溶解度
F	1148	6.69	共晶渗碳体的成分点
G	912	0	α—Fe→γ—Fe 同素异构转变点
P	727	0.0218	碳在 α—Fe 中的最大溶解度
S	727	0.77	共析点
Q	0	0.006	600℃（或室温）时碳在 α—Fe 中的最大溶解度

注　1. A 点和 D 点。A 点是铁的熔点（1538℃）；D 点是渗碳体的熔点（1227℃）。

2. G 点。G 点是铁的同素异构转变点，温度为 912℃。铁在该点发生面心立方晶格与体心立方晶格的相互转变。

3. E 点和 P 点。E 点是碳在 γ—Fe 中的最大溶解度点，为 2.11%，温度为 1148℃；P 点是碳在 α—Fe 中的最大溶解度点，$\omega(C)=0.0218$%，温度为 727℃。

4. Q 点。Q 点时室温下碳在 α—Fe 中的溶解度点，为 0.0008%。

5. C 点。C 点为共晶点，C 点成分 $[\omega(C)=4.3\%]$ 的液相在 1148℃ 同时结晶出 E 点的成分（含碳量为 2.11%）的奥氏体和 F 点成分 $[\omega(C)=6.69\%]$ 的渗碳体。此转变称为共晶转变。共晶转变的产物称为莱氏体，它是奥氏体和渗碳体组成的机械混合物，用符号 L_d 表示。

6. S 点。S 点为共析点，S 点 $[\omega(C)=0.77\%]$ 的奥氏体在 727℃ 同时析出 P 点成分 $[\omega(C)=0.0218\%]$ 的铁素体和 K 点成分 $[\omega(C)=6.69\%]$ 的渗碳体。此转变称为共析转变。共析转变的产物称为珠光体，它是铁素体和渗碳体的机械混合物，用符号 P 来表示。

3. 主要特性线

（1）ACD 线。液相线，此线以上区域全部为液相，用 L 来表示。金属液冷却到此线开始结晶，在 AC 线以下从液相中结晶出奥氏体，在 CD 线以下结晶出渗碳体。

（2）AECF 线。固相线，金属液冷却到此线全部结晶为固态，此线以下为固态区。

液相线与固相线之间为金属液的结晶区域。这个区域内金属液与固相并存，AEC 区域内为金属液与奥氏体，CDF 区域内为金属液与渗碳体。

（3）ECF 线。共晶线，当金属液冷却到此线时（1148℃），将发生共晶转变，从金属液中同时结晶出奥氏体和渗碳体的混合物，即莱氏体。共晶式为

$$L_{4.30\%} \underset{}{\overset{1148℃}{\rightleftharpoons}} (A_{2.11\%} + Fe_3C)$$

$$L_{4.30\%} \xrightarrow[]{1148℃} (A_{2.11\%} + Fe_3C)$$

共晶转变在碳的质量分数超过 2.11% 的铁碳合金冷却过程中均会发生。

（4）PSK 线。共析线，常用符号 A_1 表示。当合金冷却到此线时（727℃），将发生共析转变，从奥氏体中同时析出铁素体和渗碳体的混合物，即珠光体（一定成分的固溶体，在某一恒温下，同时析出两种固相的转变称为共析转变）。共析式为

$$A_{0.77\%} \overset{727℃}{\rightleftharpoons} (F_{0.0218\%} + Fe_3C)$$

所有碳的质量分数超过 0.0218% 的铁碳合金，即生产中常用的钢与铸铁，在冷却时均会发生共析转变。

（5）GS 线。GS 线为碳的质量分数小于 0.77% 的铁碳合金冷却时从奥氏体中析出铁素体的开始线（或加热时铁素体转变成奥氏体的终止线），常用符号 A_3 表示。奥氏体向铁素体的转变是铁发生同素异构转变的结果。GS 线又称为 A_3 线。

（6）ES 线。ES 线是碳在奥氏体中的溶解度线，常用符号 A_{cm} 表示。在 1148℃ 时，碳在奥氏体中的溶解度为 2.11%（即 E 点碳的质量分数），在 727℃ 时降到 0.77%（相当于 S 点）。从 1148℃ 缓慢冷却到 727℃ 的过程中，由于碳在奥氏体中的溶解度减小，多余的碳将以渗碳体的形式从奥氏体中析出。为了与从金属液相中直接结晶出的渗碳体（称为一次渗碳体）相区别，将奥氏体中析出的渗碳体称为二次渗碳体（Fe_3C_{II}）。

（7）PQ 线。PQ 线是碳在铁素体中的溶解度曲线。随温度的降低，碳在铁素体中的溶解度沿 PQ 线从 0.0218% 变化至 0.0008%。由于铁素体中含碳量的减少，将从铁素体中沿晶界析出渗碳体，称为 3 次渗碳体（Fe_3C_{III}）。因其析出量少，在含碳量较高的钢中可以忽略不计。

由于生成条件不同，渗碳体可以分为 Fe_3C_I、Fe_3C_{II}、Fe_3C_{III}、共晶 Fe_3C 和共析 Fe_3C 五种。其中 Fe_3C_I 生成于时含碳量大于 4.3% 的液相、缓冷到液相线（CD 线）对应温度时所直接结晶出的渗碳体。尽管它们是同一相，但由于形态与分布不同，对铁碳合金的性能有着不同的影响。

4. 铁碳合金状态图中的相区

铁碳合金状态图中，共有液相（碳在铁中的液溶体，用 L 表示）、奥氏体、铁素体与渗碳体 4 个基本相。在状态图中相应地出现 5 个单相区，即：

（1）液相。在 ABCD 线以上的区域。

（2）铁素体。*AHN* 区。

（3）铁素体。*GPQ* 以左的区域。

（4）奥氏体。*NJESG* 区。

（5）渗碳体。*DFK* 垂线。

除单相区外，还有 7 个两相区，这些两相区分别存在于相邻的两个单相区之间。

5.3.4　含碳量对铁碳合金平衡组织和性能的影响

1. 铁碳合金的分类

由于铁碳合金的成分不同，室温下将得到不同的组织。根据铁碳合金的含碳量、组织转变的特点及组织的不同，可将铁碳合金分为工业纯铁、钢和白口铸铁三种。

（1）工业纯铁。$\omega(\mathrm{C})<0.0218\%$，室温组织为 F。

（2）钢。又可分为三类：

1）亚共析钢。$0.0218\%<\omega(\mathrm{C})<0.77\%$，室温组织为 P+F。

2）共析钢。$\omega(\mathrm{C})=0.77\%$，室温组织为 P。

3）过共析钢。$0.77\%<\omega(\mathrm{C})<2.11\%$，室温组织为 $P+Fe_3C_{\mathrm{II}}$。

（3）白口铸铁。又可分为三类：

1）亚共晶白口铸铁。$2.11\%\leqslant\omega(\mathrm{C})<4.3\%$，室温组织为 $P+Fe_3C_{\mathrm{II}}+L_d'$。

2）共晶白口铸铁。$\omega(\mathrm{C})=4.3\%$，室温组织为 L_d'。

3）过共晶白口铸铁。$4.3\%<\omega(\mathrm{C})<6.69\%$，室温组织为 $L_d'+Fe_3C_{\mathrm{I}}$。

2. 典型铁碳合金的结晶过程

下面以典型铁碳合金为例，如图 5.18 所示，来分析它们的结晶过程及组织转变。

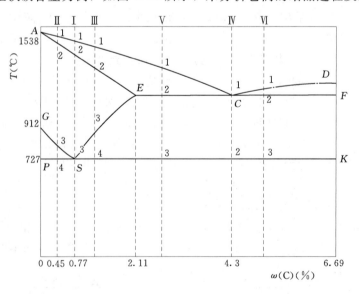

图 5.18　典型铁碳合金在 Fe—Fe₃C 相图中的位置

（1）共析钢。图 5.18 中合金 I 为 $\omega(\mathrm{C})=0.77\%$ 的共析钢。其冷却曲线和结晶过程如图 5.19 所示。当金属液冷却到和 *AC* 线相交的 1 点时，开始从液相（L）中结晶出奥氏体

（A），到 2 点时金属液结晶终了，此时合金全部由奥氏体组成。在 2 点到 3 点间，组织不发生变化。当合金冷却到 3 点时，奥氏体发生共析转变

$$A_{0.77\%} \xrightleftharpoons{727℃} (F_{0.0218\%} + Fe_3C)$$

从奥氏体中同时析出铁素体和渗碳体的混合物，即珠光体。温度再继续下降，组织不再发生变化。共析钢在室温时的组织是珠光体，图 5.20（c）是共析钢的金相织图。

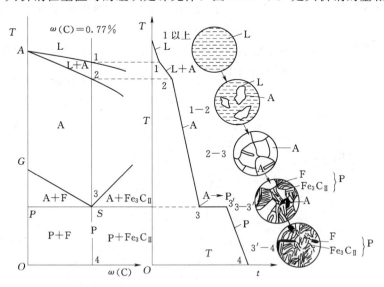

图 5.19　共析钢结晶过程示意图

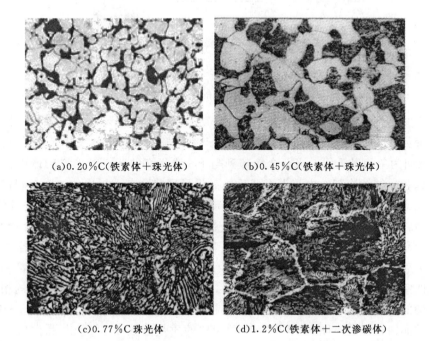

（a）0.20％C（铁素体＋珠光体）　　　（b）0.45％C（铁素体＋珠光体）

（c）0.77％C 珠光体　　　（d）1.2％C（铁素体＋二次渗碳体）

图 5.20　金相组织图

　　(2) 亚共析钢。图 5.18 中合金Ⅱ是 $\omega(C)=0.45\%$ 的亚共析钢，其冷却曲线和结晶过程如图 5.21 所示。金属液冷却到 1 点时开始结晶出奥氏体，到 2 点结晶完毕，2 点到 3 点间为单相奥氏体组织，当冷却到与 GS 线相交的 3 点时，从奥氏体中开始析出铁素体。由于 α—Fe 只能溶解很少量的碳，所以合金中大部分碳留在奥氏体中而使其碳的质量分数增加。随着温度下降，析出的铁素体量增多，剩余的奥氏体量减小，而奥氏体的碳的质量分数增加。当温度降至与 PSK 线相交的 4 点时，奥氏体中碳的质量分数达到 0.77%，此时剩余奥氏体发生共析转变，转变成珠光体。4 点以下至室温，合金组织不再发生变化。亚共析钢的室温组织由珠光体和铁素体组成。碳的质量分数不同时，珠光体和铁素体的相对量也不同，碳的质量分数越多，钢中的珠光体数量越多。图 5.20 (a)、(b) 是共析钢的金相组织图。

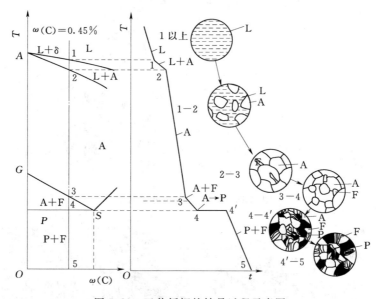

图 5.21　亚共析钢的结晶过程示意图

　　(3) 过共析钢。图 5.18 中合金Ⅲ是碳的质量分数为 1.2% 的过共析钢，其冷却曲线和结晶过程如图 5.22 所示。金属液冷却到 1 点时，开始结晶出奥氏体，到 2 点结晶完毕。2 点到 3 点间为单相奥氏体。当合金冷却到与 ES 线相交的 3 点时，奥氏体中的碳的质量分数达到饱和。继续冷却，由于碳在奥氏体晶界呈网状分布，析出的二次渗碳体的数量增多，剩余奥氏体中的碳的质量分数降低；随着温度下降，奥氏体中的碳的质量分数沿 ES 线变化，当温度降至与 PSK 线相交的 4 点时，剩余奥氏体中的碳的质量分数达到 0.77%，于是发生共析转变，奥氏体转变成珠光体。从 4 点以下至室温，合金组织不再发生变化。最后得到珠光体和网状二次渗碳体组织。所有过共析钢的结晶过程都和合金Ⅲ相似，它们的室温组织由于碳的质量分数不同，组织中的二次渗碳体和珠光体的相对量也不同。钢中碳的质量分数越多，二次渗碳体也越多。图 5.20 (d) 是过析钢的金相组织图。

　　(4) 共晶白口铸铁。图 5.19 中合金Ⅳ为碳的质量分数 4.3% 的共晶白口铸铁，其冷却曲线和结晶过程如图 5.23 所示。当金属液冷却到 1 点时发生共晶转变，从金属液中同时结晶出奥氏体和渗碳体的混合物，即高温莱氏体。

$$L_{4.30\%} \xrightleftharpoons{1148℃} (A_{2.11\%} + Fe_3C)$$

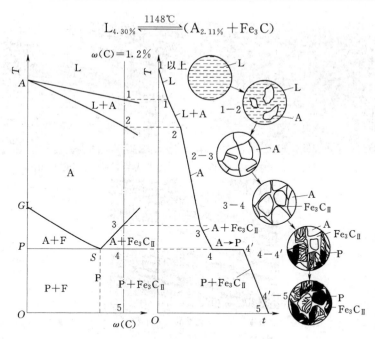

图 5.22　过共析钢结晶过程示意图

　　莱氏体的形态一般是粒状或条状的奥氏体均匀分布在渗碳体基体上。这种奥氏体称共晶奥氏体，这种渗碳体称共晶渗碳体。当继续冷却至 1 点以下时，共晶奥氏体中将析出二次渗碳体，当温度降至 2 点（727℃）时，共晶奥氏体发生共析转变，得到珠光体组织，继续冷却，合金组织不再发生变化。所以，共晶白口铸铁的室温组织是由珠光体和渗碳体组成的混合物，即低温莱氏体组织。图 5.24（b）所示为共晶白口铸铁的金相组织图。

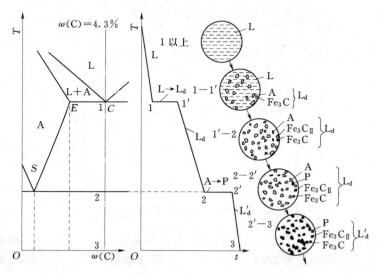

图 5.23　共晶白口铸铁结晶过程示意图

　　（5）亚共晶白口铸铁。图 5.18 中合金 V 为碳的质量分数为 3.0% 的亚共晶白口铸铁，其冷却曲线和结晶过程如图 5.25 所示。金属液冷却到 1 点时，开始结晶出奥氏体，金属

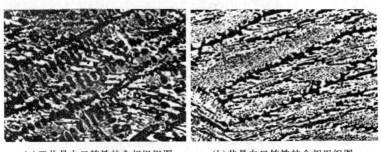

（a)亚共晶白口铸铁的金相组织图　　　（b)共晶白口铸铁的金相组织图

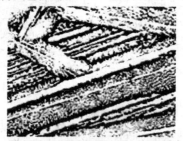

（c)过共晶白口铸铁的金相组织图

图 5.24　白口铸铁的金相组织图

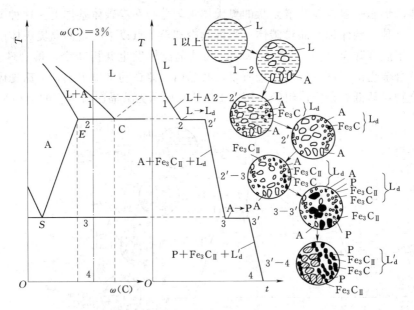

图 5.25　亚共晶白口铸铁的结晶过程示意图

液中的碳的质量分数随着 AC 线上升，到 2 点奥氏体结晶完毕。此时金属液的碳的质量分数达到共晶成分（碳的质量分数达 4.3%），在此温度发生共晶反应，转变为高温莱氏体（La）。转变结束，合金由奥氏体和高温莱氏体组成。从 2 点后在温度继续下降的过程中，在奥氏体和高温莱氏体中都要析出二次渗碳体。当温度达到 3 点（727℃）时，所有奥氏体中的碳的质量分数都降到 0.77%，发生共析反应，奥氏体转变为珠光体。继续冷却，合金组织不再发生变化。所以亚共晶白口铸铁的室温组织由珠光体、二次渗碳体和低温莱氏体组成。图 5.24（a）所示为亚共晶白口铸铁的金相组织图。

（6）过共晶白口铸铁。图 5.18 中合金 VI 为碳的质量分数为 5.0% 的过共晶白口铸铁，其冷却曲线和结晶过程如图 5.26 所示。金属液冷却到 1 点时，开始结晶出一次渗碳体，金属液中的碳的质量分数随着 DC 线下降，到 2 点一次渗碳体结晶完毕。此时金属液的碳的质量分数达到共晶成分 [$\omega(C)=4.3\%$]，在此温度发生共晶反应，转变为高温莱氏体（L_d）。转变结束，合金由一次渗碳体和高温莱氏体构成。2 点以后，随着温度的下降，在高温莱氏体中析出二次渗碳体。当温度达到 3 点（727℃）时，奥氏体中的碳的质量分数降到 0.77%，发生共析反应，奥氏体转变为珠光体。继续冷却，合金组织不再发生变化。所以过共晶白口铸铁的室温组织由一次渗碳体和低温莱氏体组成。图 5.24（c）所示为过共晶白口铸铁的金相组织图。

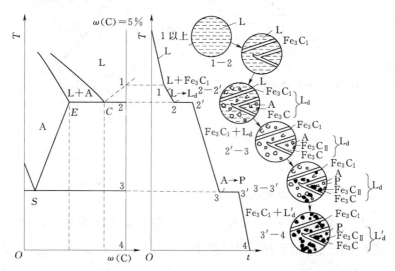

图 5.26 过共晶白口铸铁的结晶过程示意图

3. 含碳量与铁碳合金组织及性能的关系

铁碳合金室温组织虽然都是由铁素体和渗碳体两相组成，但因其含碳量不同，组织中两相的相对数量、分布及形态不同，所以不同成分的铁碳合金具有不同的性能。

（1）铁碳合金含碳量与组织的关系。根据铁碳合金相图的分析，随着碳的质量分数的增加，铁素体的量逐渐减少，而渗碳体的量则有所增加，如图 5.27（b）所示。随着碳的质量分数的变化，不仅铁素体和渗碳体的相对量有变化，而且相互组合的形态也发生变化。随着碳的质量分数的增加，合金的组织将按下列顺序发生变化，如图 5.27（a）所示。

$$F \rightarrow F+P \rightarrow P \rightarrow P+Fe_3C_{II} \rightarrow P+Fe_3C_{II}+L_d' \rightarrow L_d' \rightarrow L_d'+Fe_3C_I$$

（2）铁碳合金含碳量与力学性能的关系。碳对铁碳合金性能的影响也是通过对组织的影响来实现的。铁碳合金组织的变化，必然引起性能的变化。如图 5.28 所示为碳的质量分数对正火后碳素钢的力学性能的影响。由图可以知道，改变碳的质量分数可以在很大范围内改变钢的力学性能。总之，碳的质量分数越高，钢的硬度直线上升，而塑性和韧性降低。对强度极限的影响，在亚共析钢范围内，随着碳的质量分数增多，由于珠光体的相对量增加，强度不断升高。超过共析成分后，珠光体的相对量减少，同时出现了二次渗碳体。后者多沿原奥氏体晶界析出，碳的质量分数超过 0.9% 时，由于二次渗碳体呈明显网状，使钢的强度有所降低。在测量硬度时，由于钢承受的是局部压缩应力，在这样的应力条件下，渗碳体容易引起脆断的特点并不降低钢的硬度，相反地，渗碳体本身的高硬度继续对钢的整体硬度做出了贡献。

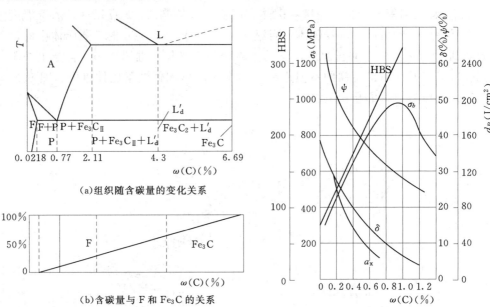

图 5.27　铁碳合金成分与组织的关系　　　图 5.28　含碳量对钢力学性能的影响

为了保证工业上使用的钢具有足够的强度，并具有一定的塑性和韧性，工业用钢的碳的质量分数一般不超过 1.4%。

白口铸铁中都有莱氏体组织，具有很高的硬度和脆性，既难切削加工，也不能锻造。所以白口铸铁的使用受到了限制。但白口铸铁具有很高的抗磨损能力。对于要求表面高硬度和耐磨的机械零件（如犁铧、冷轧滚等），常用白口铸铁制造。

要注意：上述分析的是铁碳合金平衡组织的性能。随冷却和加热的条件不同，铁碳合金的组织、性能都会大不相同。

复 习 思 考 题

1. 选择题

（1）铁素体是碳溶解在（　）中所形成的间隙固溶体。

　A. α—Fe　　　　B. γ—Fe　　　　C. δ—Fe　　　　D. β—Fe

（2）奥氏体是碳溶解在（　）中所形成的间隙固溶体。

　A. α—Fe　　　　B. γ—Fe　　　　C. δ—Fe　　　　D. β—Fe

（3）渗碳体是一种（　）。

　A. 稳定化合物　　B. 不稳定化合物　C. 介稳定化合物　D. 易转变化合物

(4) 在 Fe—Fe₃C 相图中，钢与铁的分界点的含碳量为（ ）。

A. 2%　　　B. 2.06%　　　C. 2.11%　　　D. 2.2%

(5) 莱氏体是一种（ ）。

A. 固溶体　　　B. 金属化合物　　　C. 机械混合物　　　D. 单相组织金属

(6) 在 Fe—Fe₃C 相图中，*ES* 线也称为（ ）。

A. 共晶线　　　B. 共析线　　　C. A_3 线　　　D. A_{cm} 线

(7) 在 Fe—Fe₃C 相图中，*GS* 线也称为（ ）。

A. 共晶线　　　B. 共析线　　　C. A_3 线　　　D. A_{cm} 线

(8) 在 Fe—Fe₃C 相图中，共析线也称为（ ）。

A. A_1 线　　　B. *ECF* 线　　　C. A_{cm} 线　　　D. *PSK* 线

(9) 珠光体是一种（ ）。

A. 固溶体　　　B. 金属化合物　　　C. 机械混合物　　　D. 单相组织金属

(10) 在铁碳合金中，当含碳量超过（ ）以后，钢的硬度虽然在继续增加，但强度却在明显下降。

A. 0.8%　　　B. 0.9%　　　C. 1.0%　　　D. 1.1%

(11) 通常铸锭可由三个不同外形的晶粒区所组成，其晶粒区从表面到中心的排列顺序为（ ）。

A. 细晶粒区—柱状晶粒区—等轴晶粒区

B. 细晶粒区—等轴晶粒区—柱状晶粒区

C. 等轴晶粒区—细晶粒区—柱状晶粒区

D. 等轴晶粒区—柱状晶粒区—细晶粒区

2. 判断题

(1) 铁素体是碳溶解在 α—Fe 中所形成的置换固溶体。

(2) 铁素体是碳溶解在 γ—Fe 中所形成的间隙固溶体。

(3) 钢中的含硫量增加，其钢的热脆性增加。

(4) 钢中的含磷量增加，其钢的热脆性增加。

(5) 渗碳体是一种不稳定化合物，容易分解成铁和石墨。

(6) *GS* 线表示由奥氏体冷却时析出铁素体的开始线，通称 A_{cm} 线。

(7) *GS* 线表示由奥氏体冷却时析出铁素体的开始线，通称 A_3 线。

(8) *PSK* 线叫共析线，通称 A_{cm} 线。

(9) *PSK* 线叫共析线，通称 A_3 线。

(10) 过共析钢结晶的过程是：L—L+A—A—A+Fe₃C_Ⅱ—P+Fe₃C_Ⅱ。

(11) 铁素体是碳溶解在 α—Fe 中所形成的间隙固溶体。

(12) 奥氏体是碳溶解在 γ—Fe 中所形成的间隙固溶体。

(13) *ES* 线是碳在奥氏体中的溶解度变化曲线，通称 A_{cm} 线。

(14) *ES* 线是碳在奥氏体中的溶解度变化曲线，通称 A_1 线。

(15) 奥氏体是碳溶解在 γ—Fe 中所形成的置换固溶体。

(16) 在 Fe—Fe₃C 相图中的 *ES* 线是碳在奥氏体中的溶解度变化曲线，通常称为

A_3 线。

（17）共析钢结晶的过程是：L—L＋A—A—P。

（18）在 Fe—Fe₃C 相图中的 ES 线是表示由奥氏体冷却时析出铁素体的开始线，通称 A_{cm} 线。

（19）GS 线表示由奥氏体冷却时析出铁素体的开始线，通称 A_1 线。

（20）亚共析钢结晶的过程是：L—L＋A—A—F＋A—F＋P。

（21）钢中的含磷量增加，其钢的冷脆性增加。

3. 简答题

（1）铁碳合金中基本相有哪几相？其机械性能如何？

（2）铁碳合金中基本组织是哪些？并指出哪个是单相组织、哪个是双相混合组织。

（3）试分析含碳量为 1.2％铁碳合金从液体冷却到室温时的结晶过程。

（4）说明碳钢中含碳变化对机械性能的影响。

（5）写出铁碳相图上共晶和共析反应式及反应产物的名称。

（6）在 Fe—Fe₃C 相图上空白处填写上组织。

（7）试分析含碳量为 0.6％的铁碳含金从液态冷却到室温时的结晶过程。

（8）结合 Fe—Fe₃C 相图指出 A_1、A_3 和 A_{cm} 代表哪个线段，并说明该线段表示的意思。

第6章 钢的热处理

金属热处理是将金属工件放在一定的介质中加热到适宜的温度，并在此温度中保持一定时间后，又以不同速度冷却的一种工艺方法。

金属热处理是机械制造中的重要工艺之一，与其他加工工艺相比，热处理一般不改变工件的形状和整体的化学成分，而是通过改变工件内部的显微组织，或改变工件表面的化学成分，赋予或改善工件的使用性能。其特点是改善工件的内在质量，而这一般不是肉眼所能看到的。

为使金属工件具有所需要的力学性能、物理性能和化学性能，除合理选用材料和各种成形工艺外，热处理工艺往往是必不可少的。钢铁是机械工业中应用最广的材料，钢铁显微组织复杂，可以通过热处理予以控制，所以钢铁的热处理是金属热处理的主要内容。根据加热与冷却的不同，钢的热处理工艺可按图6.1分类。

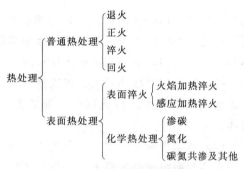

图 6.1　钢的热处理工艺分类

6.1　钢在加热时的转变

钢的热处理的理论基础是铁的同素异构转变。铁的同素异构转变导致了钢在加热和冷却过程中内部组织发生变化。

Fe—Fe₃C 相图是钢进行热处理的依据。由 $Fe—Fe_3C$ 相图可知，A_1、A_3、A_{cm} 是钢在平衡相变时的临界点。由于实际生产中加热或冷却速度较快，钢的组织转变有滞后现象，加热时温度要高于临界点，冷却时温度要低于临界点。为了区别，把加热时的各临界点用 Ac_1、Ac_3、Ac_{cm} 表示；冷却时的各临界点用 Ar_1、Ar_3、Ar_{cm} 表示。图 6.2 所示为这些临界点在 $Fe—Fe_3C$ 相图上的位置示意图。

6.1.1　奥氏体的形成过程

共析钢加热到 Ac_1 以上温度时，便会发生珠光体向奥氏体的转变过程（奥氏体化）。奥氏体的形成过程可分为奥氏体晶核的形成、奥氏体晶核的长大、剩余渗碳体的溶解和奥氏体的均匀化四个阶段，如图 6.3 所示。

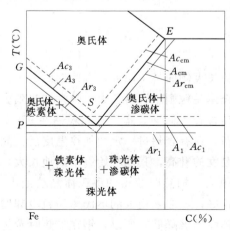

图 6.2　钢的加热和冷却温度临界点

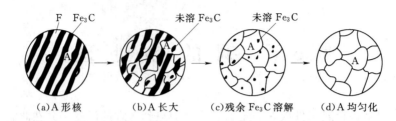

图 6.3　共析钢奥氏体形成过程示意图

(1) 奥氏体晶核的形成。通常奥氏体晶核总是优先在铁素体和渗碳体的相界面上形成。这是因为此处空位、位错等晶体缺陷较多，原子排列紊乱，且碳的质量分数介于铁素体与渗碳体之间，容易满足奥氏体形成所需的成分条件、结构条件和能量条件。

(2) 奥氏体晶核的长大。奥氏体晶核形成后，立即向铁素体和渗碳体两方面推移，奥氏体晶核不断长大。与此同时，新的晶核不断形成和长大，直至珠光体全部转变为奥氏体。

(3) 残余渗碳体的溶解。奥氏体向两侧的长大速度是不同的，铁素体向奥氏体的转变比渗碳体的溶解速度快得多，当铁素体全部消失后，仍有部分 Fe_3C 尚未分解溶入，需延长保温时间，使 Fe_3C 继续溶入奥氏体中。

(4) 奥氏体成分的均匀化。残余 Fe_3C 全部溶解后，奥氏体的成分是不均匀的，原渗碳体处碳的质量分数较高，原铁素体处碳的质量分数较低，需经一段时间的保温，通过碳原子的扩散，使奥氏体成分均匀。

亚共析钢或过共析钢奥氏体的形成过程，基本上与共析钢相同，但具有过剩相转变和溶解的过程。亚共析钢或过共析钢若加热至 Ac_1 温度，只能使珠光体转变为奥氏体，得到 $A+F$ 或 $A+Fe_3C_{II}$ 组织，称为不完全奥氏体化。只有继续加热至 Ac_3 或 Ac_{cm} 温度以上，才能得到单相奥氏体组织，即完全奥氏体化。但对过共析钢来说，此时奥氏体晶粒已经粗化。

奥氏体晶粒的大小对冷却转变后钢的性能有很大影响。热处理加热时，若获得细小、均匀的奥氏体，则冷却后钢的力学性能就好。所以，奥氏体晶粒的大小是评定热处理加热质量的主要指标之一。

6.1.2　奥氏体晶粒的长大及控制

在实际生产中，不同牌号的钢，其奥氏体晶粒的长大倾向是不同的，有些钢的奥氏体晶粒随加热温度的升高会迅速长大，而有些钢的奥氏体晶粒则不容易长大，只是加热到更高温度才开始迅速长大。如图 6.4 说明了两种钢的晶粒长大倾向，本质细晶粒钢在 930℃以下加热，其奥氏体长大很缓慢，一直保持细小状态，只有当超过一定的加热温度后，晶粒才急剧长大。而本质粗晶粒钢则不同，随着加热温度的升高，其晶粒始终不断地长大。

奥氏体晶粒大小对冷却后组织和力学性能影响很大。加热时获得的奥氏体晶粒细小，则冷却后的组织也细小，其强度较高，塑性、韧性较好；反之，粗大的奥氏体晶粒冷却后的组织也粗大，钢的强度较低，塑性较差，特别是韧性显著降低。所以，钢在加热时希望能获得较为细小均匀的奥氏体组织，并以奥氏体的实际晶粒度作为评定钢的加热质量的主要指标。在生产中，人们常采用以下措施来控制奥氏体晶粒的长大。

（1）控制加热温度和保温时间。加热温度愈高，保温时间愈长，则奥氏体晶粒愈粗大，特别是加热温度对奥氏体晶度影响更大。热处理加热时必须严格控制加热温度和保温时间。

（2）加入合金元素。大多数合金元素，如铬、钨、钼、钒等，在钢中可以形成难溶于奥氏体的碳化物，分布在晶粒边界上，阻碍奥氏体晶粒的长大。

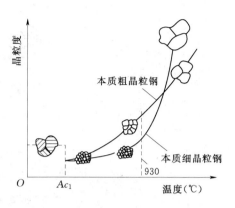

图 6.4　加热时钢的晶粒长大倾向示意图

（3）控制钢的原始组织。钢的原始组织越细小，则可供形成奥氏体晶核的相界面越多，因而有利于获得细小的奥氏体晶粒。如果珠光体组织中的渗碳体以颗粒状形式存在，则钢在加热时的奥氏体化过程中晶粒不易长大，也有利于获得细小的奥氏体晶粒。

6.2　钢 在 冷 却 时 的 转 变

钢经加热获得奥氏体组织后，在不同的冷却条件下，得到的冷却产物和性能是不同的。为了了解奥氏体组织在冷却过程中组织变化规律，常采用奥氏体的等温转变方式。以下以共析钢为例，介绍冷却方式对钢的组织及性能的影响。

6.2.1　过冷奥氏体的等温冷却转变

奥氏体在临界点以下是不稳定的，会发生组织转变，但并不等于冷却到 A_1 温度下就立即发生转变，转变前需要停留一段时间，这段时间称为孕育期。在 A_1 温度下存在的奥氏体称为过冷奥氏体。将钢经奥氏体化后在 A_1 温度以下的温度区间内等温，使过冷奥氏体发生组织转变称为等温转变。

1. 过冷奥氏体等温转变曲线

过冷奥氏体在不同过冷度下的等温转变过程中，转变温度、转变时间与转变产物间的关系曲线图叫等温转变图，因曲线的形状与字母"C"相似，又称为 C 曲线。

奥氏体等温转变图是用实验方法建立的，现以共析钢为例，说明 C 曲线的建立过程。

（1）准备试样。

（2）将试样在相同条件下加热进行奥氏体化。

（3）将试样分别投入到 A_1 以下不同温度（如 700℃、600℃、550℃等）的等温槽中等温，并测定各试样过冷奥氏体转变开始时间和转变终了时间。

（4）把各转变开始时间与转变终了时间描绘在温度—时间（用对数表示）坐标图上，并分别用光滑的曲线连接起来，即得到共析钢奥氏体等温转变曲线，如图 6.5 所示。

共析钢完整的奥氏体等温转变图如图 6.6 所示。A_1 线表示奥氏体与珠光体的平衡温度；左边的一条 C 曲线为转变开始线；右边一条 C 曲线为转变终了线；M_s 和 M_f 线表示

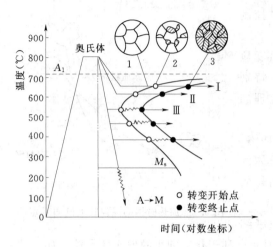

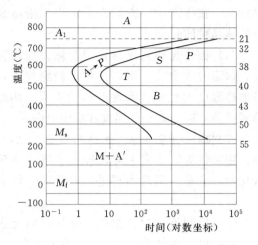

图 6.5　共析钢奥氏体等温转变曲线　　　　　图 6.6　共析钢奥氏体等温转变图

奥氏体向马氏体转变的开始温度和终止温度。在 A_1 线上部为奥氏体稳定区；转变开始线左边是过冷奥氏体区；转变开始线和转变终了线之间为过冷奥氏体和转变产物的混合区；转变终了线右边为转变产物区。转变开始线与纵坐标之间的距离，表示过冷奥氏体转变所需的孕育期。

　　过冷奥氏体在各个温度等温转变时，都要经过一个孕育期，孕育期的长短随过冷度而变化，孕育期愈长，过冷奥氏体愈稳定。在 550℃ 左右，曲线上出现一个拐点，俗称为 C 曲线的"鼻尖"，此处的孕育期最短，过冷奥氏体最不稳定，转变速度也最快。在"鼻尖"温度以上，随着等温温度的下降，过冷度增大，过冷奥氏体转变的形核率和成长率都增大，转变速度逐渐增快，孕育期缩短。当等温温度下降到"鼻尖"温度以下，随着过冷度的增加，原子的扩散能力越来越弱，过冷奥氏体转变速度下降，孕育期又逐渐增长。若过冷度增大到一定程度，原子的扩散将受到抑制，则过冷奥氏体将进行非扩散型的马氏体转变。

　　2. 过冷奥氏体等温转变产物的组织形态及性能

　　(1) 高温等温转变（珠光体转变）。高温等温转变的温度范围在 A_1～550℃ 之间。由于转变温度较高，原子具有较强的扩散能力，其转变为扩散型转变，转变产物为铁素体薄层与渗碳体薄层交替重叠的层状组织，即珠光体组织。当奥氏体过冷到 A_{r_1} 以下温度时，一般先在奥氏体晶界上形成核心，即发生相变，由奥氏体（面心立方晶格）向铁素体（体心立方晶格）转变。在相变中，因铁素体中碳的质量分数远比奥氏体要低，过剩的碳向外扩散，与铁原子结合成 Fe_3C 微粒析出。随着保温时间的延长，铁素体和渗碳体不断形成、集聚、长大，构成层片状的珠光体。

　　等温温度愈低，转变速度愈快，珠光体片层愈细，硬度愈高。通常把片层较粗的珠光体称为珠光体，用 P 表示，硬度约为 170～230HBS；片层较细的珠光体称为索氏体，用 S 表示，硬度约 230～320HBS；片层极细的珠光体称为托氏体，用 T 表示，硬度约 330～400HBS。珠光体的片层越小，其强度和硬度越高，同时塑性和韧性略有下降。图 6.7 为珠光体、索氏体和托氏体的金相组织图。

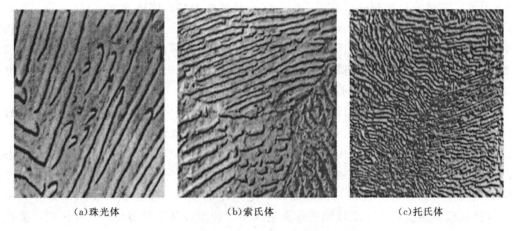

(a)珠光体　　　　　　(b)索氏体　　　　　　(c)托氏体

图 6.7 高温转变金相组织图

（2）中温等温转变（贝氏体转变）。中温等温转变的温度范围在 $550℃\sim M_s$ 之间。过冷奥氏体转变为贝氏体的过程，也是由晶核形成和晶核长大来完成的。由于转变温度较低，原子扩散能力逐渐减弱，转变产物为由含碳过饱和的铁素体和弥散分布的渗碳体组成的混合物，称为贝氏体组织。等温温度不同，贝氏体的形态也不同。温度范围在 $550\sim350℃$ 之间，原子扩散能力弱，渗碳体微粒已很难集聚长大呈片状，其典型形态呈羽毛状，硬度 $40\sim48HRC$，由许多互相平行的过饱和铁素体片和分布在片间的断续细小的渗碳体组成的混合物，称上贝氏体，用 $B_上$ 表示。上贝氏体塑性和韧性较差，基本无实用价值。当温度在 $350℃\sim M_s$ 之间，原子扩散更困难，其典型形态为黑色针状，硬度 $48\sim55HRC$，由针叶状的过饱和铁素体和分布在其中的极细小的渗碳体粒子组成，称为下贝氏体，用 $B_下$ 表示，其强度较高，塑性、韧性也较好，即具有良好的综合力学性能，所以热处理时可用等温淬火的方法以获得下贝氏体组织。贝氏体组织图见图 6.8 所示。

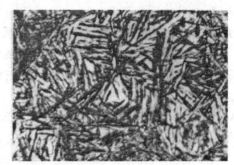

(a)上贝氏体的显微组织　　　　　　(b)下贝氏体的显微组织

图 6.8 中温转变组织图

（3）低温转变（马氏体转变）。马氏体转变是在 $M_s\sim M_f$ 温度范围内进行的，也是一个形核和长大的过程。钢经奥氏体化后，当冷却速度大于 v_K 时，奥氏体很快被过冷到 M_s 温度，因温度较低，只有铁原子晶格的重建，过冷奥氏体中的碳原子已不能扩散，被迫保留在 $\alpha—Fe$ 中。以铁碳合金而言，这种碳在 $\alpha—Fe$ 中过饱和的固溶体称为马氏体，用符号

"M"表示，它是一种单相的亚稳定组织。这 转变称为马氏体转变。

　　由于碳的过饱和固溶，马氏体的晶格严重畸变，导致强烈的固溶强化。因此，马氏体具有高的硬度和强度，这是马氏体的主要性能特点。马氏体的硬度主要取决于碳的质量分数，马氏体中碳的质量分数越高，则硬度越高，可达 60～65HRC，但钢的塑性、韧性则很差，特别是粗大的马氏体，脆性很大。

　　根据组织形态的不同，马氏体通常可分为片状（针状）马氏体（高碳马氏体）和板条马氏体（低碳马氏体）两种。ω(C)＞1.0％时，形成片状（针状）马氏体；如图 6.9（a）所示。片状（针状）马氏体，由互成一定角度的针状晶体组成，其单个晶体的立体形态呈双凸透镜状，因每个马氏体针的厚度与径向尺寸相比很小，所以粗略地说是片状。因在金相磨面上观察到的通常都是与马氏体片成一定角度的截面，呈针状，故亦称为针状马氏体。这种马氏体主要产生于高碳钢的淬火组织中，硬度较高，但塑性和韧性较差，脆性较大。ω(C)＜0.2％时，形成低碳板条马氏体，如图 6.9（b）所示。低碳板条马氏体具有较高的硬度、较高的强度与较好的塑性和韧性相配合的综合力学性能，在生产中广泛应用。

 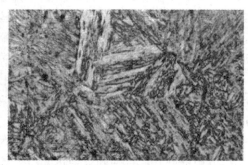

　　　　　（a)片状（针状）马氏体　　　　　　　　　　　　（b)板条马氏体

图 6.9　马氏体形态示意图

3. 影响 C 曲线的因素

　　影响 C 曲线的因素很多，主要是碳的质量分数和合金元素含量。

　　（1）碳的质量分数的影响。亚共析钢随着碳的质量分数的增加，C 曲线向右移；过共析钢随着碳的质量分数的增加，C 曲线向左移。因此，在碳钢中以共析钢的过冷奥氏体最稳定。

　　（2）合金元素的影响。合金元素对奥氏体稳定性的影响比碳更显著，合金元素（如铬、铂、钨等）不仅可以改变 C 曲线的位置，而且还能明显改变 C 曲线的形状，如图 6.10 所示。除钴以外，所有的合金元素溶入奥氏体后，都能使 C 曲线右移，增加奥氏体的稳定性。

　　C 曲线的应用很广，利用 C 曲线可以制定等温退火、等温淬火和分级淬火的工艺；可以估计钢接受淬火的能力，并据此选择适当的冷却介质。

6.2.2　过冷奥氏体的连续冷却转变

　　在实际生产中，钢的热处理大多数是在连续冷却条件下进行组织转变的，如炉冷、空

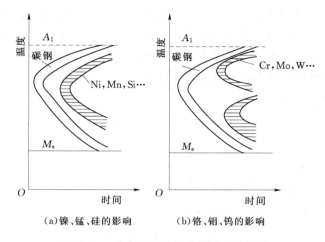

(a)镍、锰、硅的影响　　　　(b)铬、钼、钨的影响

图 6.10　合金元素对 C 曲线影响示意图

冷、油冷、水冷等。因此，分析过冷奥氏体连续冷却转变曲线具有重要的实用意义。连续冷却转变是使已奥氏体化的钢在不同冷却速度下连续冷却的过程中完成组织转变。

1. 过冷奥氏体的连续冷却转变曲线

用来表示钢在奥氏体化后，在不同冷却速度的连续冷却条件下，过冷奥氏体转变开始及转变终了的时间与转变温度之间的关系曲线称为过冷奥氏体连续冷却转变曲线，简称 CCT 曲线。共析钢的连续冷却转变曲线如图 6.11 所示。图 6.11 中，P_s 线为过冷奥氏体向珠光体转变开始线，P_f 线为过冷奥氏体向珠光体转变终了线，K 线为过冷奥氏体向珠光体转变终止线，即当冷却曲线与 K 线相交时，过冷奥氏体不再向珠光体转变，而一直保留到 M_s 温度以下转变为马氏体。CCT 曲线与等温转变曲线既有区别，又有

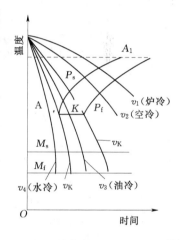

图 6.11　共析钢连续冷却转变图

联系。CCT 曲线位于 C 曲线的右下方，在高温区，有珠光体转变的开始线和终了线；在中温区，没有贝氏体转变区，即共析钢在连续冷却时不发生贝氏体转变；当冷却速度达到一定值时，奥氏体被过冷至低温发生马氏体转变。

2. 过冷奥氏体连续冷却转变产物的组织和性能

由于奥氏体的连续冷却转变曲线测定比较困难，因此，在生产实际中，常利用同钢种的等温转变曲线来定性地分析过冷奥氏体连续冷却转变过程。其方法是将连续冷却曲线画在钢的 C 曲线上，根据冷却速度线与 C 曲线相交的位置大致估计在某种冷却速度下实际转变所获得的组织和力学性能。现以共析钢为例来说明。

如图 6.12 所示，v_1 相当于随炉冷却的情况，获得粗片状珠光体组织，硬度为 170～220HBS；v_2 相当于空气中冷却的情况，获得索氏体组织，硬度为 25～35HRC；v_3 相当于油中冷却的情况，先与转变开始线相交，但没有与转变终了线相交，然后很快冷却与 M_s 线相交。判断连续冷却转变产物的组织为托氏体和马氏体的混合物，硬度为 45～

55HRC。v_4 相当于水中冷却的情况，与 C 曲线不相交，冷却很快，直接与 M_s 线相交。判断冷却转变产物的组织为马氏体和少量残余奥氏体，硬度为 55～65HRC。v_K 它与 C 曲线鼻尖部相切，它表示了使过冷奥氏体在连续冷却过程中不发生转变，而直接转变为马氏体组织的最小冷却速度，即钢在淬火时为抑制非马氏体转变所需的最小冷却速度，称为该钢的马氏体临界冷却速度。

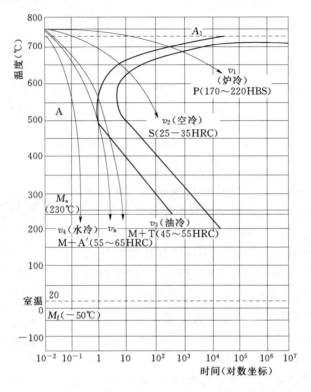

图 6.12   在共析钢等温转变图上分析奥氏体连续冷却转变

过冷奥氏体连续冷却转变是在一个温度范围内进行的，转变产物的组织往往不是单一的，依冷却速度的变化，有可能是珠光体＋索氏体、索氏体＋托氏体或托氏体＋马氏体等，而等温转变产物则是单一的均匀组织。

6.3　热 处 理 工 艺

根据钢在加热和冷却时组织与性能的变化规律，钢的热处理的基本工艺方法有退火、正火、淬火、回火及表面热处理等。通过不同的热处理工艺，可以使钢的性能发生很大的变化。

6.3.1　钢的退火与正火

通过退火与正火工艺处理后，不仅可以消除毛坯零件的内应力及成分和组织的不均匀性，还能调整钢的力学性能与工艺性能，为下一道加工工序做好组织、性能准备。

　　钢的退火和正火通常被安排在工件毛坯生产之后，作为预备热处理，是在生产上应用非常广泛的预备热处理工艺。对一般铸、焊件及性能要求不高的工件，退火、正火也可作最终热处理。

　　1. 钢的退火

　　钢的退火是将钢加热到临界温度以上或以下温度，经保温后随炉缓慢冷却，以获得近乎平衡状态组织的热处理工艺。退火的目的是降低钢的硬度，均匀钢的化学成分及组织，消除内应力和加工硬化，改善钢的成形及切削加工性能，并为淬火做好组织准备。

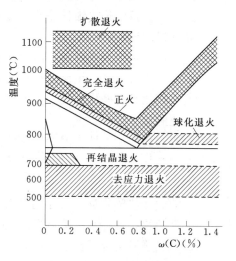

图 6.13　各种退火和正火的加热温度范围

　　钢的成分和使用目的不同，所用退火工艺也不相同。退火工艺种类很多，常用的退火操作有完全退火、球化退火、再结晶退火和去应力退火等，其加热温度范围如图 6.13 所示。

　　(1) 完全退火。完全退火是将钢加热到完全奥氏体化后保温，再进行缓慢冷却，以获得近乎平衡组织的热处理工艺。完全退火主要用于中、低碳结构钢的铸、锻件和热轧型材。

　　完全退火的加热温度一般为 Ac_3 以上 20～30℃；一般每毫米工件有效厚度保温时间为 2min。完全退火的冷却应缓慢进行，故需要的时间较长。为了提高效率，实际生产中，随炉冷却到 500～600℃ 以下即可出炉空冷。

　　(2) 球化退火。球化退火是使钢中的碳化物球化，得到粒状珠光体（铁素体基体上均匀分布细小球状碳化物）的一种热处理工艺。球化退火主要用于过共析钢和合金工具钢。

　　球化退火的加热温度一般为 Ac_1 以上 20～30℃；保温时间不能太长，一般为 2～4h；冷却方式通常采用炉冷，或在 Ar_1 以下 20℃ 左右进行长时间等温，然后炉冷到 600℃ 以下出炉空冷。

　　(3) 再结晶退火。再结晶退火是把经冷变形加工后的钢材加热到再结晶温度以上保温，使变形晶粒重新转变为均匀的等轴晶粒而消除加工硬化的热处理工艺。再结晶退火主要用于经冷变形加工后的低碳钢。经再结晶退火后，消除了加工硬化，钢的性能恢复到冷变形加工前的状态。

　　再结晶退火的加热温度一般为 650～700℃；保温时间为 1～3h；冷却方式通常为空冷。钢的冷变形量越大，再结晶温度越低，再结晶退火温度也越低。还需注意的是：不同的钢都有一个临界变形度，在临界变形度下变形的钢，再结晶退火时会导致组织晶粒异常长大。一般钢的临界变形度为 6%～10%。

　　(4) 去应力退火。去应力退火是为了去除由于塑性变形加工、铸造、焊接及切削加工过程中引起的残余内应力而进行的退火工艺。

　　去应力退火的加热温度一般为 500～650℃；保温时间一般为每毫米工件有效厚度3min；冷却方式通常为随炉冷却；为了提高工效，也可随炉冷却到 200℃ 出炉空冷。

2. 钢的正火

钢的正火是将钢加热到 Ac_3 或 Ac_{cm} 以上 30～50℃，使钢完全奥氏体化，经保温后从炉中取出，在空气中冷却的热处理工艺，其加热温度范围如图 6.13 所示。

正火的主要目的是：细化晶粒、调整硬度、消除碳化物网，为后续加工及球化退火、淬火等做好组织准备。

正火与退火相比，所得室温组织同属珠光体，但正火的冷却速度比退火要快，过冷度较大。因此，正火后的组织比退火组织要细小些，钢件的强度、硬度比退火高一些。同时正火与退火相比具有操作简便，生产周期短，生产效率较高，成本低等特点。在生产中的主要应用范围如下：

(1) 改善切削加工性。因低碳钢和某些低碳和金钢的退火组织中铁素体量较多，硬度偏低，在切削加工时易产生"粘刀"现象，增加表面粗糙度值。采用正火能适当提高硬度，改善切削加工性。

(2) 消除网状碳化物，为球化退火做好组织准备。对于过共析钢或合金工具钢，因正火冷却速度较快，可抑制渗碳体呈网状析出，并可细化层片状珠光体，有利于球化退火。

(3) 用于普通结构零件或某些大型非合金钢工件的最终热处理，以代替调质处理。

(4) 用于淬火返修零件，消除内应力，细化组织，以防重新淬火时产生变形和开裂。

3. 退火与正火的选择

退火与正火同属钢的预备热处理，在操作过程中如装炉、加热速度、保温时间都基本相同，只是冷却方式不同，在生产实际中有时两者可以相互代替。究竟如何选择退火与正火，一般可从以下几点考虑。

(1) 从切削加工性考虑。钢件适宜的切削加工硬度为 170～230HBS。因此，低碳钢、低碳合金钢应选正火作为预备热处理，中碳钢也可选用正火；而 $\omega(C)>0.5\%$ 的非合金钢、中碳以上的合金钢应选用退火作为预备热处理。

(2) 从零件形状考虑。对于形状复杂的零件或大型铸件，正火有可能因内应力太大而引起开裂，则应选用退火。

(3) 从经济性考虑。因正火比退火的操作简便，生产周期短，成本低，在能满足使用要求的情况下，应尽量选用正火，以降低生产成本。

6.3.2　钢的淬火

钢的淬火是将钢加热到临界温度以上某一温度，经保温后，以适当的冷却速度冷却，得到马氏体（或下贝氏体）的热处理工艺。淬火的目的是使钢强化，提高钢的硬度、强度和耐磨性；对于获得马氏体组织的淬火，配合不同的温度回火，可获得各种需要的性能。

由于不同成分钢的过冷奥氏体的稳定性不同，淬火后获得马氏体的能力差异较大；淬火时工件截面各处冷却速度不同；在冷却过程中还会引起淬火应力，所以要对淬火影响因素有足够地重视。

1. 淬火加热温度

淬火加热温度的选择主要依据钢的成分确定：亚共析钢通常加热到 Ac_3 以上 30～50℃；共析钢和过共析钢通常加热到 Ac_1 以上 30～50℃，其加热温度范围如图 6.14

所示。

　　亚共析钢加热到 $Ac_3 + (30 \sim 50℃)$，可获得全部细小均匀的奥氏体晶粒，淬火为均匀细小的马氏体组织。若加热温度在 $Ac_1 \sim Ac_3$ 之间，则组织中尚有未转变完的铁素体，淬火后得到的组织为铁素体和马氏体，由于铁素体的存在，使钢的硬度降低。若加热温度超过 $Ac_3 + (30 \sim 50℃)$，则奥氏体晶粒粗大，淬火后得到粗片状马氏体，钢的性能变差。

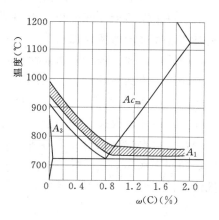

图 6.14　钢淬火的加热温度范围

　　共析钢和过共析钢加热至 $Ac_1 + (30 \sim 50℃)$，此时组织为奥氏体和小粒状渗碳体，淬火后得到的组织为马氏体和细粒状渗碳体及少量残余奥氏体。因细粒状渗碳体可以提高钢的硬度和耐磨性，故淬火后的硬度很高。过共析钢若加热至 Ac_m，以上，渗碳体将全部溶解，提高了奥氏体中碳的质量分数，使马氏体开始转变温度 (M_s) 下降，淬火后残余奥氏体量增多，钢的硬度和耐磨性下降。同时，由于加热温度高，奥氏体晶粒粗大，淬火得到粗片状马氏体，脆性增大。

　　2. 淬火保温时间

　　淬火保温时间与钢的成分、炉温、工件的大小和形状、装炉方式和装炉量等因素有关。淬火保温时间一般为每毫米工件有效厚度 $1 \sim 4min$。

　　3. 淬火冷却介质

　　淬火冷却介质又称为淬火介质。淬火介质冷却能力越强，钢的冷却速度越快，则工件容易淬硬，淬硬层深度越深，也会使工件产生的内应力越大，易引起工件发生变形和开裂。为保证淬火质量，应选择合适的淬火介质。

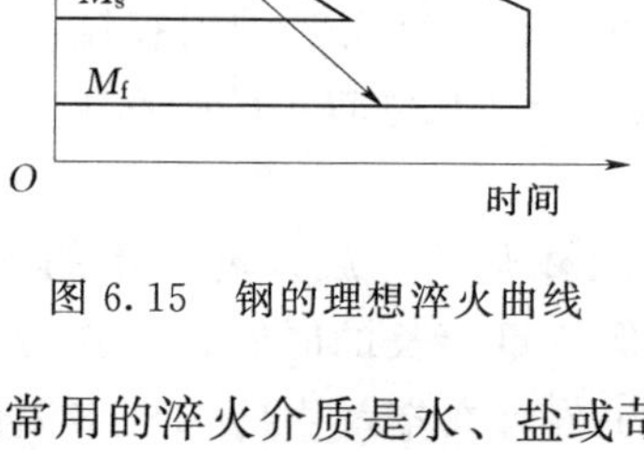

　　理想的淬火介质的冷却能力应该是：在奥氏体最不稳定的 $650 \sim 400℃$ 间能快速冷却；在 $400℃$ 以下应当缓慢冷却以减小淬火应力，从而保证在获得马氏体组织的条件下减小淬火应力，避免工件发生变形和开裂。因此，钢在淬火时理想的冷却曲线如图 6.15 所示。

　　常用的淬火介质有水、盐水或碱水溶液及各种矿物质油等。

图 6.15　钢的理想淬火曲线

　　(1) 水。到目前为止，还未找到理想淬火介质。因此常用的淬火介质是水、盐或苛性钠水溶液和矿物油。水是生产中常用的淬火介质，它在 $650 \sim 550℃$ 内具有很强的冷却能力，但在 $300 \sim 200℃$ 内的冷却能力仍然很大，所以，工件在水中淬火时，容易发生变形与裂纹。因此水适用于截面尺寸不大、形状简单的碳素钢工件的淬火冷却。

　　(2) 盐水或苛性钠水溶液。如在水中加入盐或苛性钠类物质，增加了 $650 \sim 550℃$ 的冷却能力，在 $300 \sim 200℃$ 内的冷却能力改变不大，所以，其冷却能力确实比水强，其缺点是介质的腐蚀性大。一般情况下，盐水的浓度为 10%，苛性钠水溶液的浓度为 10%～15%。可用作碳钢及低合金结构钢工件的淬火介质，使用温度不应超过 60℃，淬火后应及时清洗并进行防锈处理。

（3）矿物油。各种矿物油在 650～550℃ 的冷却能力不大，在 300～200℃ 内的冷却能力比较小，冷却介质一般采用的矿物油，如机油、变压器油和柴油等。机油一般采用 10 号、20 号、30 号机油，油的号越大，黏度越大，闪点越高，冷却能力越低，使用温度相应提高。因此，仅适合合金钢的淬火。

水、盐水或碱水溶液及各种矿物质油等淬火介质各有优缺点，均不是理想的淬火介质，而介于水和油之间的冷却能力的是比较理想的淬火介质。目前各国都在发展有机水溶液作为淬火介质，如聚乙烯醇、聚二醇等水溶液。

4. 淬火方法

工件淬火时除了要保证淬硬外，还要尽量减小变形和避免开裂，应选择合适的淬火方法。

（1）单液淬火。将钢奥氏体化后，在一种淬火介质中冷却到室温的淬火方法称为单液淬火，如图 6.16 中所示的曲线 1。

单液淬火操作简单，容易实现机械化、自动化，应用广泛。但由于单独用一种淬火介质，如果淬火介质冷却特性不够理想，容易产生硬度不足或变形、开裂等缺陷。一般碳钢采用水冷，合金钢采用油冷。

（2）双液淬火。将钢奥氏体化后，先在冷却能力强的淬火介质中冷却，待工件冷到 400～300℃，将工件转入冷却能力较弱的淬火介质中冷却，直到完成马氏体转变的淬火方法称为双液淬火，如图 6.16 中所示的曲线 2。

双液淬火既可以保证工件得到马氏体组织，又可以减小淬火应力，防止工件开裂和减小变形。尺寸较大或形状复杂的碳素钢工件适合采用双液淬火。双液淬火操作要求较高，需经验丰富的人员来操作。

（3）分级淬火。将钢奥氏体化后，先放入略高于（或略低于）钢的 M_s 温度的盐浴或碱浴炉内保温，当工件内外温度均匀后，再从浴炉中取出工件，空冷至室温，完成马氏体转变的淬火方法称为分级淬火，如图 6.16 中所示的曲线 3。

分级淬火大大降低了淬火应力，工件变形轻微，还克服了双液淬火时难以控制的缺点。但分级淬火时盐浴或碱浴的冷却能力不大，只适合形状复杂、尺寸较小的碳钢工件或淬透性好的合金钢工件。

（4）等温淬火。将钢奥氏体化后，放入高于钢的 M_s 温度的盐浴或碱浴炉内等温保持足够长的时间，使其转变为下贝氏体组织，然后取出工件，在空气中冷却到室温的淬火方法称为等温淬火，如图 6.16 中所示的曲线 4。

等温淬火得到的下贝氏体组织具有较高的强度和硬度，同时塑性和韧性也较好，并可显著减小淬火应力和淬火变形，并能基本避免工件淬火裂纹，适宜处理形状复杂、尺寸要求精密的小件工具和重要的机器零件。

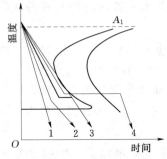

图 6.16　各种淬火方法曲线

5. 钢的淬透性

(1) 淬透性与淬硬性的概念。钢的淬透性是指在规定
条件下，决定钢淬硬深度和硬度分布的特性。所谓淬硬深度，一般采用从淬火表面向里到
半马氏体区（由 50％马氏体和 50％非马氏体组成）的垂直距离。淬火时，钢件截面上各
处的冷却速度是不同的。表面的冷却速度最高，越到中心冷却速度越低，如图 6.17（a）
所示。只有冷却速度大于临界冷却速度的部分才有可能淬火成马氏体，如果钢件中心部分
冷却速度低于临界冷却速度，则心部将获得非马氏体组织，即钢件没有被淬透，如图
6.17（b）所示。在规定条件下获得淬硬层深度愈深的钢，淬透性愈好。

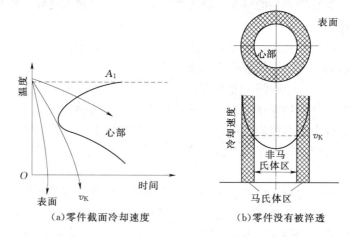

图 6.17　零件截面冷却速度与淬硬层的关系

淬硬性是指钢在理想条件下，进行淬火硬化所能达到最高硬度的能力。钢的淬硬性主
要取决于钢在淬火加热时固溶于奥氏体中碳的质量分数，奥氏体中碳的质量分数越高，则
淬火获得马氏体组织后的硬度越高，钢的淬硬性越好，而钢中合金元素对其淬硬性的影响
不大。

淬硬性与淬透性是两个意义不同的概念，淬硬性好的钢，其淬透性并不一定好。

(2) 影响淬透性的因素。钢的淬透性主要取决于过冷奥氏体的稳定性，稳定性越好，
淬火临界冷却速度越低，则钢的淬透性越好。主要影响因素如下：

1) 钢的化学成分。在非合金钢中碳的质量分数接近共析成分，过冷奥氏体越稳定，
淬透性越好，所以共析钢的淬透性较亚共析钢、过共析钢为好。

合金钢中大多数合金元素〔除 Co（钴）外〕溶于奥氏体后，都能使过冷奥氏体稳定
性增加，淬火临界冷却速度降低，从而提高钢的淬透性。合金元素铂、锰、铬、硼等能较
显著地提高钢的淬透性。

2) 奥氏体化温度及保温时间。适当提高钢的奥氏体化温度或延长保温时间，会使奥
氏体晶粒粗化，成分更均匀，增加过冷奥氏体的稳定性，提高钢的淬透性。

(3) 淬透性的应用。淬透性对钢经热处理后的力学性能有很大的影响。完全淬透的工
件，经回火后整个截面上的力学性能均匀一致；未淬透的工件，经回火后未淬透部分的屈
服点和冲击韧性均较低。

　　钢的淬透性是选材和制定热处理工艺规程时的主要依据。对于多数大截面和在动负荷下工作的重要结构件，如螺栓、锤杆、锻模、大电机轴、发动机的连杆等，常要求表面和心部力学性能一致，应选用淬透性好的钢；对于承受弯曲、扭转应力、冲击载荷和局部磨损的轴类零件，工作时表面受力大，心部硬度要求不高，可选用淬透性较低的钢；对于形状复杂或对变形要求严格的零件，应选用淬透性较好的钢；而对于焊接结构件，为避免在焊缝热影响区形成淬火组织，使焊接件产生变形和开裂，只能选择淬透性较低的钢。

　　6. 淬火操作要领

　　淬火操作时，还要注意工件浸入淬火介质的方式。合理的淬火操作方式，对减小工件变形和避免工件开裂有着重要的影响。淬火操作要领是：尽量保证淬火冷却时工件各部分冷却速度的均匀性。

　　（1）细长的工件，如钻头、轴等，应垂直浸入淬火介质中。

　　（2）厚薄不均的工件，厚的部分应先浸入淬火介质中。

　　（3）薄壁环状工件，如圆筒、套圈等，应轴向垂直浸入淬火介质中。

　　（4）薄而平的工件，如圆盘铣刀，应立着放入淬火介质中。

　　（5）带有盲孔或中空型腔的工件，应使孔口或腔口向上浸入淬火介质中。

　　（6）截面不均匀的工件，应斜着浸入淬火介质中。

　　7. 淬火常见缺陷

　　在热处理生产中，由于操作控制不当，所处理的零件常出现某些缺陷，尤其淬火时最易出现缺陷。淬火时零件经切削加工已基本达到最终尺寸，致使在随后的加工中不易校正或排除，更应当注意避免或减少缺陷产生。常见的热处理缺陷有过热、过烧、氧化、脱碳、变形和开裂等。

　　（1）过热和过烧。零件在热处理时，如果加热温度过高或在高温下保温时间过长，引起奥氏体晶粒显著粗化，这种现象称为过热。过热影响零件随后热处理的力学性能，也易引起零件的淬火变形与开裂。过热缺陷一般可用正火的方法补救。

　　零件在热处理时，如果加热温度过高，使金属的晶界严重氧化或熔化，这种现象称为过烧。过烧是一种无法挽回的缺陷，过烧后的零件已无使用价值，必须报废。因此必须严格控制零件的加热温度。

　　（2）氧化和脱碳。钢在氧化气氛中加热时，氧和铁形成氧化铁的现象称为氧化。钢在加热时，与气氛中的氧或水汽发生反应，使钢中的碳形成 CO 或 CH_4 而降低钢的含碳量的现象称为脱碳。

　　氧化和脱碳不仅降低零件表面的硬度和疲劳强度，而且还影响零件的尺寸精度，增加淬火开裂倾向。氧化和脱碳层如在以后的切削加工中被去除，则不影响零件的性能。一般重要的受力构件和精密零件，在精加工后都不允许有氧化和脱碳层。通常对氧化和脱碳有较高要求的零件，可在盐浴炉中加热，以减少氧化和脱碳；要求更高时，可采用有效涂料保护加热，或在可控气氛及真空炉中加热。

　　（3）变形和开裂。零件在热处理时，内部应力超过材料的屈服极限而引起零件的尺寸和形状的变化称为变形；内部应力超过材料的抗拉极限而引起零件产生裂纹的现象称为开裂。

变形是热处理中较难避免的缺陷，一般只是控制零件的变形量，超过变形量时可用校正方法纠正。开裂是必须避免的缺陷，零件一旦开裂，就无法挽救，只有报废。

变形和开裂都是由内应力引起的。零件内应力分为热应力和组织应力。

热应力是在加热和冷却过程中，零件内外层加热和冷却速度不同造成的内应力。

由于零件内外层温度不一致，致使零件内外热胀冷缩的程度也不相同；内外层温差越大，热应力也越大。零件在加热时，表面温度要高于心部，表面膨胀快，但受到心部的阻碍，故表面受压应力而心部受拉应力；零件在冷却时正相反，表面受拉应力而心部受压应力。一旦加热和冷却过程中热应力超过材料的屈服极限和抗拉极限，都会引起零件的变形和开裂。所以必须严格控制零件的加热、冷却速度，尤其是导热性差的材料，更要注意加热、冷却速度的影响。

组织应力是在加热或冷却过程中，由于零件内部组织发生转变的时间不一致而造成的内应力。

钢的组织中，马氏体的比容最大，奥氏体的比容最小，珠光体的比容介于马氏体和奥氏体之间。加热时组织转变引起的内应力一般不会对零件的变形和开裂产生大的影响，因为奥氏体的转变在高温下进行，材料的塑性较好。淬火冷却时表面先转变为马氏体，体积膨胀；心部仍为奥氏体，阻碍表面的膨胀，表面产生压应力而心部产生拉应力；当心部转变为马氏体时，表面组织已经转变终了，阻碍心部的膨胀，使表面产生拉应力而心部产生压应力。

淬火时零件的变形和开裂是两种内应力综合作用的结果。为了减小变形和避免开裂，可采用低温预热和不同的淬火方法，如分级淬火、等温淬火等。

6.3.3　钢的回火

钢的回火是将淬火后的钢，再加热到 Ac_1 以下某一温度，保温一段时间，然后冷却到室温，以获得预期性能的热处理工艺。回火是紧接淬火后进行的一种热处理操作，也是生产中应用最广泛的热处理工艺。通过淬火和适当温度的回火相配合，可以使工件获得不同的组织和性能，满足各类零件和工具对使用性能的不同要求。通常也是工件进行的最后一道热处理工艺。

淬火钢回火的目的是：减少或消除淬火应力，防止工件的变形与开裂；调整工件的力学性能，满足工件的使用性能要求；稳定工件的组织，保证工件的形状和尺寸的稳定。

1. 回火加热温度

工件回火后的性能，主要取决于回火温度。随着回火温度的提高，钢的强度和硬度下降，塑性和韧性增大。根据钢的性能要求，按照回火温度的高低，回火可分为低温回火、中温回火和高温回火。对碳素钢而言，其回火的温度如下：

（1）低温回火。在 150～250℃ 间的回火称为低温回火。低温回火后的组织是回火马氏体，其金相组织如图 6.18（a）所示。通过低温回火，可部分消除淬火应力，适当降低钢的脆性，提高韧性，并保持淬火获得的高硬度和耐磨性，回火后的硬度一般为 56～64HRC。低温回火主要用于各种工、模、量具和滚动轴承等耐磨零件。

（2）中温回火。在 350～500℃ 间的回火称为中温回火。中温回火后的组织是回火托氏体，其金相组织如图 6.18（b）所示。通过中温回火，可进一步消除淬火应力，可使工件获得高弹性极限、屈服强度和适当的韧性，回火后的硬度一般为 35～48HRC。中温回火主要用于各种弹簧、发条弹性夹具及热锻模等零件。

（3）高温回火。在 500～650℃间的回火称为高温回火。高温回火后的组织是回火索氏体，其金相组织如图 6.18（c）所示。通过高温回火，可消除淬火应力，可使工件获得强度、硬度、塑性和韧性均较好的综合力学性能，回火后的硬度一般为 20～32HRC。高温回火主要用于各种重要的结构零件，如齿轮、连杆、曲轴、主轴及高强度螺栓等。

通常将淬火和随后的高温回火并称为调质处理。调质处理是一种重要而广泛应用的热处理工艺。

由于钢的成分差异较大，在实际生产中，往往根据零件的硬度要求，从零件用钢的回火温度与硬度的关系曲线中选择相应的回火温度。

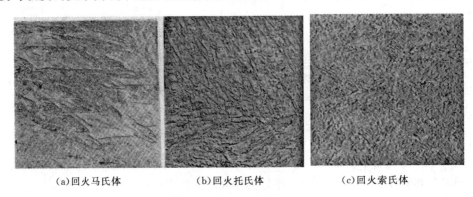

(a)回火马氏体　　　　(b)回火托氏体　　　　(c)回火索氏体

图 6.18　回火后的金相组织

2. 回火保温时间

回火保温时间是指工件完全热透及组织充分转变所需要的时间。实际生产中，一般以炉温达到回火温度时开始计算回火保温时间。回火加热温度越高，回火保温时间越短。在生产中，回火保温时间一般取 1～3h，对于要求高硬度，只能低温回火的一些工件，如量具、滚动轴承等，为使内应力消除并使组织趋于稳定，有时需要保温十几小时甚至几十小时。

3. 回火冷却

一般工件回火后都在空气中冷却。但对具有回火脆性的钢，如铬锰钢、铬镍钢等，在 450～650℃之间回火后，应在水中或油中快冷，以避免回火脆性的产生。

6.4　表 面 热 处 理

在机器当中，有些零件要承受扭转和弯曲等交变载荷，以及强烈的摩擦和冲击，如齿轮、凸轮、凸轮轴、主轴、活塞销等。为了保证这类零件的正常使用，要求零件的表面具有高的硬度和耐磨性，而心部要有较好的塑性和韧性。由于这类零件表面和心部的性能要求不同，很难通过选材来解决表面和心部的不同的性能要求，一般要采用表面热处理来实现这类零件的性能要求。

6.4.1 表面淬火

仅对工件表层进行淬火的工艺称表面淬火。处理过程是对钢的表面快速加热至淬火温度，并立即以大于临界冷却速度的速度冷却，使表层强化的热处理。表面淬火可使工件表层获得马氏体组织，具有高硬度、高耐磨性，内部仍保持淬火前的组织，具有足够的强度和韧性。目前生产中广泛应用的有感应加热表面淬火、火焰加热表面淬火等。

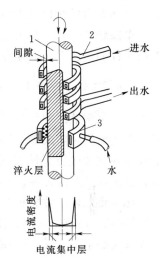

图 6.19 感应加热示意图
1—工件；2—感应器；3—喷水套

1. 感应加热表面淬火

感应加热表面淬火是利用感应电流通过工件所产生的热效应，使工件表面或局部加热并进行快速冷却的淬火工艺。感应加热的基本原理如图 6.19 所示，给感应器通以一定频率的交流电，在其周围便产生频率相同的交变磁场，将工件放入感应器（紫铜管绕成的绕组）内，在工件中就感应出频率相同、方向相反的感应电流，该电流沿零件表面形成封闭回路，称为"涡流"。涡流在工件内的分布是不均匀的，表面密度大，心部密度小。通入绕组的电流频率越高，感应电流就越集中在工件表面，这种现象称为"集肤效应"。由于感应电流的热效应，使工件表面迅速加热到淬火温度，然后快速冷却，从而达到表面淬火的目的。

感应淬火因加热速度极快，表层硬度比普通淬火的高 2～3HRC，且有较好的耐磨性和较低的脆性；加热时间短，基本无氧化、脱碳，变形小；淬硬层深度容易控制；能耗低，生产效率高，易实现机械化和自动化，适宜大批量生产。但感应加热设备投资大，维修调试较困难，对于形状复杂工件的感应器不易制作。

感应淬火多用于中碳钢和中碳低合金钢制造的中小型工件的成批生产。根据电流频率不同，感应加热分为高频加热、中频加热、工频加热 3 种。频率越高，感应电流集中工件的表面层越薄，则淬硬层越薄。在生产中常依据工件要求的淬硬层深度及尺寸大小来选用电流频率，见表 6.1。

表 6.1   **感 应 淬 火 应 用 范 围**

分 类	频率范围（kHz）	淬硬深度（mm）	应 用 举 例
高频感应加热	200～300	0.5～2	在摩擦条件下工作的零件，如小齿轮、小轴等
中频感应加热	1～100	2～8	承受转矩、压力载荷的零件，如大齿轮、主轴等
工频感应加热	50	10～15	承受转矩、压力载荷的大型零件，如冷轧辊等

2. 火焰加热表面淬火

使用乙烯—氧焰或煤气—氧焰，将工件表面快速加热到淬火温度，立即喷水冷却的淬火方法称火焰加热表面淬火。

火焰淬火的操作简便，不需要特殊设备，成本低；淬硬层深度一般为 2～6mm。但因火焰温度高，若操作不当工件表面容易过热或加热不匀，造成硬度不均匀淬火质量难以控制；易产生变形与裂纹。火焰淬火适用于大型、小型、单件或小批量工件的表面淬火，如火焰淬火大模数齿轮、小孔、顶尖、凿子等。

3. 电接触加热表面淬火

电接触加热表面淬火是利用电极和工件间的接触电阻使工件表面加热，并借助工件本身未加热部分的热传导来实现淬火冷却。

电接触加热表面淬火设备简单，操作方便，工件变形小，淬火后不需要回火，能显著提高工件的耐磨性，但淬硬层较浅（0.15～0.30mm），多用于机床铸铁导轨的表面淬火。

6.4.2 化学热处理

钢的化学热处理是将工件置于一定的活性介质中保温，使一种或几种元素渗入工件表层，以改变其化学成分，从而使工件获得所需组织和性能的热处理工艺。其目的主要是为了表面强化和改善工件表面的物理化学性能，即提高工件的表面硬度、耐磨性、疲劳强度、热硬性和耐腐蚀性。

化学热处理的种类很多，一般以渗入的元素来命名。有渗碳、渗氮、碳氮共渗（氰化）、渗硫、渗硼、渗铬、渗铝及多元共渗等。不管是哪一种化学热处理，活性原子渗入工件表层都是由以下三个基本过程组成：

(1) 分解：由化学介质分解出能渗入工件表层的活性原子。

(2) 吸收：活性原子由钢的表面进入铁的晶格中形成固溶体，甚至可能形成化合物。

(3) 扩散：渗入的活性原子由表面向内部扩散，形成一定厚度的扩散层。

1. 钢的渗碳

渗碳是将工件置于富碳的介质中，加热到高温（900～950℃），使碳原子渗入表层的过程，其目的是使增碳的表面层经淬火和低温回火后，获得高硬度、耐磨性和疲劳强度。适于低碳钢和低碳合金钢，常用于汽车齿轮、活塞销、套筒等零件。

据采用的渗碳剂不同，渗碳可分为气体渗碳、液体渗碳和固体渗碳 3 种。气体渗碳在生产中广泛采用。

气体渗碳是将工件置于密封的渗碳炉中，加热到 900～950℃，通入渗碳气体（如煤气、石油液化气、丙烷等）或易分解的有机液体（如煤油、甲苯、甲醇等），在高温下通过反应分解出活性碳原子，活性碳原子渗入高温奥氏体中，并通过扩散形成一定厚度的渗碳层。一般保温 1h。

渗碳后工件表面碳的质量分数一般应控制在 0.8%～1.05%。若 $\omega(C)<0.8\%$，表面硬度偏低；$\omega(C)>1.05\%$，则容易形成网状碳化物，使渗碳层脆性增加。低碳钢工件经渗碳后，从表面到心部碳的质量分数逐步降低。

由渗碳工件表面向内至规定碳浓度处的垂直距离称为渗碳层深度。工件所需渗碳层深度应根据其工作条件和尺寸来确定，一般要求为 0.5～2mm。

渗碳的时间主要由渗碳层的深度决定，一般保温 1h，渗碳层约增 0.2～0.3mm，渗碳层 $\omega(C)=0.8\%$～1.1%。工件渗碳后必须进行渗碳和低温回火。渗碳淬火工艺常用以下 3 种：

(1) 直接淬火法。将渗碳后的工件从渗碳温度降至（炉冷或出炉预冷）淬火冷却起始温度（820～860℃）后，直接进行淬火冷却，然后再进行低温回火。这种工艺操作简单，生产率高，节约能源，工件变形小，广泛用于低碳合金钢渗碳零件，如汽车变速齿轮大多采用 920℃ 渗碳后预冷直接淬火。

(2) 一次淬火法。将渗碳后的工件先放入缓冷坑冷至室温，再重新加热至淬火温度进行淬火，然后进行低温回火。这种工艺广泛用于渗碳后需要机械加工的零件，或不直接淬火的渗碳零件，或固体渗碳零件。

(3) 两次淬火法。性能要求高的渗碳件采用此方法。第一次淬火（加热到 850～900℃）目的是细化心部组织。第二次淬火（加热到 750～800℃）是为了使表层获得细片状马氏体和粒状渗碳体组织。

一般低碳钢经渗碳淬火、低温回火后表层硬度可达 60～64HRC，心部达 30～40HRC。气体渗碳的渗碳层质量高，渗碳过程易于控制，生产率高，劳动条件好，易于实现机械化和自动化，适于成批或大量生产。

2. 渗氮

将氮原子渗入工件表层的过程称渗氮（氮化）。目的是提高工件表面硬度、耐磨性、疲劳强度、热硬性和耐蚀性。常用的渗氮方法主要有气体渗氮、液体渗氮及离子渗氮等。气体渗氮常用。

气体渗氮是将工件置于通入氨气的炉中，加热至 500～600℃，使氨分解出活性氮原子，渗入工件表层，并向内部扩散形成氮化层。气体渗氮的特点是：

(1) 与渗碳相比，渗氮工件的表面硬度较高，可达 1000～1200HV（相当于 69～72HRC）。

(2) 渗氮温度较低，并且渗氮件一般不再进行其他热处理，因此渗氮件变形量很小。

(3) 渗氮后工件的疲劳强度可提高 15%～35%。

(4) 渗氮层具有高耐蚀性，这是由于氮化层是由致密的、耐腐蚀的氮化物所组成，能有效地防止某些介质（如水、过热蒸汽、碱性溶液等）的腐蚀作用。

由于渗氮工艺复杂，生产周期长，成本高，氮化层薄而脆，不易承受集中的重载荷，并需要专用的氮化用钢，所以只用于要求高耐磨性和高精度的零件，如精密机床的丝杠、镗床主轴、重要的阀门等。为了克服渗氮周期长的缺点，近十几年在原渗氮的基础上发展了软氮化和离子氮化等先进的氮化方法。

3. 碳氮共渗（氰化）

碳氮共渗是在一定温度下同时将碳、氮渗入工件表层奥氏体中并以渗碳为主的化学热处理工艺。根据共渗温度不同，可分为低温（520～570℃）、中温（760～860℃）、高温（900～950℃）碳氮共渗。目前，生产中以中温、低温气体碳氮共渗应用较为广泛。中温气体碳氮共渗的主要目的是提高工件表层的硬度、耐磨性和疲劳强度；低温气体碳氮共渗也称气体软氮化，目的主要是提高钢的耐磨性和抗咬合性。

4. 渗铝

渗铝能提高钢的抗高温氧化和抗燃气腐蚀的能力。生产上可用渗铝钢板和渗铝钢管代替较昂贵的耐热钢。渗铝可采用熔融铝浴浸渍法。

5. 渗铬

渗铬能提高钢对水、碱水、盐水、高温水蒸气、大气、硫化氢、二氧化硫等介质的抗蚀性和高的抗高温氧化性，高碳钢渗铬后还具有高的硬度和耐磨性。渗铬可采用在含铬的粉末混合物中渗铬、真空渗铬和气体渗铬等方法。

6.5　钢的热处理工艺选择

热处理在机械制造中应用相当广泛，它穿插在机械零件制造的加工工序之间，正确合理地安排热处理工序位置非常重要。另外机械零件的类型很多，形状结构复杂，工作时承受各种应力，选用的材料及要求的性能各异。因此，热处理技术条件的提出、热处理工艺规范的正确制定和实施等也是相当重要的。

6.5.1　热处理的技术条件

设计者应根据零件的工作条件、所选用的材料及性能要求提出热处理技术条件，并标注在零件图上。其内容包括热处理的方法及热处理后应达到的力学性能。一般零件需标出硬度值；重要的零件还应标出强度、塑性、韧性指标或金相组织要求。对于化学热处理零件，还应标注渗层部位和渗层的深度。

标注热处理技术条件时，一般用文字在图纸标题栏上方标注出。应采用 GB/T 12603—1990《金属热处理工艺分类及代号》的规定标注热处理工艺，并标出应达到的力学性能指标及其他要求。热处理后应达到的技术要求可按相应规定加以标注。

6.5.2　热处理工序位置的确定

热处理工序一般安排在铸、锻、焊等热加工和切削加工的各个工序之间。根据热处理的目的和工序位置的不同，可将其分为预备热处理和最终热处理两大类。

1. 热处理工序位置确定的一般规律

预备热处理工序位置的确定。预备热处理包括退火、正火、调质等。其工序位置一般安排在毛坯生产之后，切削加工之前；或粗加工之后，精加工之前。正火和退火的作用是消除热加工毛坯的内应力、细化晶粒、调整组织、改善切削加工性，为后续热处理工序做好组织准备。调质是为了提高零件的综合力学性能，为最终热处理做组织准备。对于一般性能要求不高的零件，调质也可作为最终热处理。

2. 确定热处理的实例

车床主轴是传递力的重要零件，它承受一般载荷，轴颈处要求耐磨，一般车床主轴选用中碳钢（如 45 钢）制造。热处理技术条件为：整体调质处理，硬度 220～250HBS；轴颈及锥孔表面淬火，硬度 50～52HRC。

（1）主轴制造工艺过程如下：

锻造→正火→机加工（粗）→调质→机加工（半精）→高频表面淬火＋低温回火→磨削。

（2）主轴热处理各工序的作用如下：

1）正火：作预备热处理。目的是消除锻件内应力，细化晶粒，改善切削加工性。

2）调质：获得 S 组织，使主轴整体具有较好的综合力学性能，为表面淬火做好组织准备。

3）高频表面淬火＋低温回火：作为最终热处理。高频表面淬火是为了使轴颈及锥孔表面得到高硬度、高耐磨性和高的疲劳强度；低温回火是为了消除应力，防止磨削时产生裂纹，并保持高硬度和高的耐磨性。

6.5.3　常见热处理缺陷及其预防

在热处理生产中，由于加热过程控制不良，淬火操作不当或其他原因，会出现一些缺陷。有些缺陷是可以挽救的，有些严重缺陷将使零件报废。钢在热处理加热及淬火时出现的缺陷见表 6.2。

表 6.2　　　　　　　　　钢在热处理加热及淬火时出现的缺陷

缺陷类别	缺陷名称	产生缺陷的后果	措　　　施
加热时的缺陷	欠热	会在亚共析钢组织中出现 F，硬度不足；过共析钢中存在过多未溶渗碳体	退火或正火
	过热	加热时得到粗大 A 晶粒，淬火后得到粗大 M，零件变脆	退火或正火
	过烧	钢晶界氧化或局部熔化，使零件报废	无法
	氧化	使工件尺寸变小，硬度下降	加热用盐浴炉；也可用保护气体加热、真空加热、工件表面涂保护层等法
	脱碳	含碳量降低，钢淬火后表层硬度不足，疲劳强度下降，以形成淬火裂纹	加热用盐浴炉；也可用保护气体加热、真空加热、工件表面涂保护层等法
淬火时的缺陷	变形	变形不可避免。把变形控制在一定范围	①正确选材，对形状复杂，要求变形小的精密零件，选高淬透性钢；②零件结构要合理；③选择和制定合理的淬火工艺
	开裂	冷速过快、或零件结构设计不合理造成。应该绝对避免	①正确选材，对形状复杂，要求变形小的精密零件，选高淬透性钢；②零件结构要合理；③选择和制定合理的淬火工艺

6.6　铁碳合金平衡组织及碳素钢热处理后的显微组织观察实验

1. 实验设备及材料

（1）金相显微镜。

（2）金相图谱及放大金相照片。

（3）各种铁碳合金平衡组织试样（表 6.3）。

（4）各种不同热处理状态的钢制试样（表 6.4）。

2. 实验内容及步骤

（1）每组领取一套试样，在指定的金相显微镜下进行观察。

（2）分析、辨别所观察的试样属于何种材料和状态。

（3）画出几种所观察到的典型显微组织形态特征，并注明材料、组织名称和热处理状态。

表 6.3 铁碳合金平衡组织试样

编号	材　　料	状态	组织及其特征	侵　蚀　剂	放大倍数
1	工业纯铁	退火	等轴铁素体晶粒和微量薄片状三次渗碳体	4%硝酸酒精溶液	100~500
2	20	退火	大块状铁素体和少量珠光体	4%硝酸酒精溶液	100~500
3	45	退火	块状铁素体和相当数量的珠光体	4%硝酸酒精溶液	100~500
4	T8	退火	珠光体（宽条状铁素体和细条状渗碳体交替排列）	4%硝酸酒精溶液	100~500
5	T12	退火	暗色基底的珠光体和细网络状二次渗碳体	4%硝酸酒精溶液	100~500
6	T12	退火	浅色珠光体和黑色细网络状二次渗碳体	4%硝酸酒精溶液	100~500
7	亚共晶白口铁	铸态	黑色枝晶状珠光体、二次渗碳体和莱氏体	4%硝酸酒精溶液	100~500
8	共晶白口铸铁	铸态	莱氏体（黑细条及斑点状珠光体和亮白色渗碳体）	4%硝酸酒精溶液	100~500
9	过共晶白口铁	铸态	暗色斑点状莱氏体和粗大条片状一次渗碳体	4%硝酸酒精溶液	100~500

表 6.4 钢 的 热 处 理 试 样

编号	材料	状　态	组织及其特征	放大倍数
1	45	830℃正火空冷	块状铁素体和细珠光体	400×
2	45	760℃淬火水冷	白色块状铁素体和针状马氏体	500×
3	45	830℃淬火水冷	细针状马氏体和残余奥氏体（亮白色）	500×
4	45	830℃淬火油冷	细针状马氏体和屈氏体（暗黑色块状）	500×
5	45	淬火 200℃回火	暗黑色细针状回火马氏体	500×
6	45	淬火 400℃回火	回火屈氏体（针状铁素体和细颗粒状渗碳体）	500×
7	45	淬火 600℃回火	回火索氏体（粒状渗碳体分布在等轴铁素体上）	500×
8	T12	760℃球化退火	铁素体和颗粒状渗碳体	400×
9	T12	760℃淬火水冷	细针状马氏体和亮白色粒状渗碳体	500×
10	T12	1000℃淬火	粗片马氏体和残余奥氏体（亮白色）	500×

复 习 思 考 题

1. 选择题

（1）钢的低温回火的温度为 （　　）。
　　A. 400℃　　　　B. 350℃　　　　C. 300℃　　　　D. 250℃

（2）可逆回火脆性的温度范围是 （　　）。
　　A. 150~200℃　　B. 250~400℃　　C. 400~550℃　　D. 550~650℃

（3）不可逆回火脆性的温度范围是 （　　）。

　　A. 150～200℃　　　B. 250～400℃　　　C. 400～550℃　　　D. 550～650℃

（4）加热是钢进行热处理的第一步，其目的是使钢获得（　　）。

　　A. 均匀的基体组织　B. 均匀的 A 体组织　C. 均匀的 P 体组织　D. 均匀的 M 体组织

（5）钢的高温回火的温度为（　　）。

　　A. 500℃　　　　　　B. 450℃　　　　　　C. 400℃　　　　　　D. 350℃

（6）钢的中温回火的温度为（　　）。

　　A. 350℃　　　　　　B. 300℃　　　　　　C. 250℃　　　　　　D. 200℃

（7）碳钢的淬火工艺是将其工件加热到一定温度，保温一段时间，然后采用的冷却方式是（　　）。

　　A. 随炉冷却　　　　B. 在风中冷却　　　C. 在空气中冷却　　D. 在水中冷却

（8）正火是将工件加热到一定温度，保温一段时间，然后采用的冷却方式是（　　）。

　　A. 随炉冷却　　　　B. 在油中冷却　　　C. 在空气中冷却　　D. 在水中冷却

（9）完全退火主要用于（　　）。

　　A. 亚共析钢　　　　B. 共析钢　　　　　C. 过共析钢　　　　D. 所有钢种

（10）共析钢在奥氏体的连续冷却转变产物中，不可能出现的组织是（　　）。

　　A. P　　　　　　　　B. S　　　　　　　　C. B　　　　　　　　D. M

（11）退火是将工件加热到一定温度，保温一段时间，然后采用的冷却方式是（　　）。

　　A. 随炉冷却　　　　B. 在油中冷却　　　C. 在空气中冷却　　D. 在水中冷却

2. 简答题

（1）什么是钢的热处理？它在生产中有何重要意义？

（2）解释下列符号的含义：Ac_1、Ac_3、Ac_{cm}、Ar_1、Ar_3 和 Ar_{cm}。

（3）过冷奥氏体在不同温度下等温转变时，可得到哪些产物？其产物的性能如何（用硬度表示）？

（4）什么是完全退火？什么是正火？两者有哪些异同点？

（5）淬火的作用是什么？常用的淬火的方法有哪些？淬火后为什么要紧接着进行回火？

（6）回火的作用是什么？回火温度对淬火钢的性能有什么影响？

（7）表面热处理的目的是什么？

（8）试述洛氏硬度计的工作原理。

（9）什么叫调质？什么样的零件采用调质？

（10）中碳钢齿轮要求表面很硬，心部有足够韧性，应采用什么热处理方法？

（11）现用 T12 钢制造锉刀，成品硬度要求 60HRC 以上，该零件在加工过程中经历了哪些热处理工艺？

（12）热处理车间有哪些常用设备和仪表？它们各有什么用途？

第7章 常用金属材料

工程材料可分为金属材料和非金属材料两大类。金属材料主要包括钢铁和非铁金属材料。

通常钢铁是钢和铸铁的总称，钢是含碳量在 0.021% ~ 2.11% 之间的所有铁碳合金。这些钢铁材料，为了保证其韧性和塑性，含碳量一般不超过 1.7%。

钢的主要元素除铁、碳外，还有硅、锰、硫、磷等杂质元素。按照化学成分、主要质量等级和主要性能及使用特性，将钢可分（按 GB/T 11304—91《钢分类》）为：非合金钢（普通质量非合金钢、优质非合金钢和特殊质量非合金钢）、低合金钢（普通质量低合金钢、优质低合金钢和特殊质量低合金钢）和合金钢（优质合金钢和特种质量合金钢）三大类。

非合金钢价格低廉，工艺性好，力学性能能够满足一般工程和机械制造的使用要求，是工业用量最大的金属材料。合金钢是在非合金钢的基础上，加入了某些合金元素而得到的，与非合金钢相比，其力学性能好，得到了某些特殊的物理化学性能，改善了钢的工艺性能。

铸铁是 C [$\omega(C) = 2.0\% \sim 4.0\%$]、Fe、Si、Mn 等多元合金。有时为了提高力学性能或物理性能、化学性能，还可加入一定量的合金元素，得到合金铸铁。铸铁在机械制造中应用很广。

根据碳在铸铁中存在形态不同，铸铁可分为：白口铸铁、灰铸铁、可锻铸铁、球墨铸铁、蠕墨铸铁共五类。灰铸铁、可锻铸铁、球墨铸铁、蠕墨铸铁是一般工程用铸铁。为了满足工业生产的各种特殊性能要求，向上述铸铁中加入某些合金元素，可得到具有耐磨、耐热、耐腐蚀等特性的多种合金铸铁。

铁碳合金等黑色金属材料以外的金属材料，称为非铁金属材料或有色金属材料。与钢铁相比，非铁金属材料的产量低，价格高，但由于具有许多优良特性，因而是一种不可缺少的工程材料。

非铁金属材料的种类很多，工业中常用的主要有铝及铝合金、铜及铜合金、硬质合金、钛合金和镁合金。

7.1 常用钢铁材料

7.1.1 钢铁的生产及分类

1. 钢铁的生产

钢的生产过程很复杂，总的来说包括炼铁、炼钢和轧钢三个步骤。

炼铁过程是将铁从其自然形态——矿石等含铁化合物中还原出来的过程。炼铁方法主要有高炉法、直接还原法、熔融还原法，现代工业最长采用的是高炉炼铁。高炉炼铁是指把铁矿石和焦炭等燃料及熔剂装入高炉中冶炼，其原理是将矿石在特定的气氛中（还原物质 CO、H_2、C；适宜温度等）通过物化反应获取还原后的生铁。生铁的组成以铁为主，含碳量 $2.5\%\sim4.5\%$，并含有其他一些杂质元素。生铁按用途分为普通生铁和合金生铁。

高炉冶炼 98% 的产品是普通生铁，普通生铁除了少部分用于铸造外，绝大部分是作为炼钢原料。合金生铁则主要用来作为炼钢的辅助原料，如脱氧剂、合金添加剂等。

炼钢是用生铁（炼钢生铁）或生铁加一部分废钢炼成的钢，其含碳量低于 2.1%，且其杂质（主要指 S、P）含量降低到规定标准。

炼钢根据所炼钢种的要求把生铁中的含碳量去除到规定范围，并使其他元素的含量减少或增加到规定范围的过程。简单地说，是对生铁降碳、脱磷、脱硫、脱氧，去除有害气体和非金属夹杂物去硫磷、调硅锰含量的过程。这一过程基本上是一个氧化过程，是用不同来源的氧（如空气中的氧、纯氧气、铁矿石中的氧）来氧化铁水中的 C、Si、Mn 等元素。

在炼钢过程中，向熔池供入大量的氧气，到吹炼终点时，钢水中含有过量的氧。如不脱氧，在出钢、浇铸中，温度降低，氧溶解度降低，促使碳氧反应，钢液剧烈沸腾，使浇铸困难，得不到正确凝固组织结构的连铸坯。常用的脱氧剂有 $Fe—Mn$，$Fe—Si$，$Mn—Si$，$Ca—Si$ 等合金。其中 Si 是基本的脱氧剂，铝是最终脱氧剂，生产镇静钢时，Al 多在 $0.005\%\sim0.05\%$，通常为 $0.01\%\sim0.03\%$。钢中铝的加入量因氧量而异，对高碳钢应少加些，而低碳钢则应多加，加入量一般为 $0.3\sim1.0kg/t$ 钢。

炼钢方法主要有平炉炼钢、氧气转炉炼钢和电炉炼钢。其中平炉炼钢由于成本高，已经被基本淘汰；氧气转炉炼钢是现代炼钢最主要的方法；电炉炼钢法以交流电弧炉为主，是生产高质量合金钢的主要方法，其产量在全球钢铁生产中的比重在不断地增加。

轧钢是钢铁工业生产的最终环节。轧钢是利用金属的塑性，是金属在两个旋转的轧辊中间受到压缩，产生塑性变形，从而得到一定尺寸和形状钢材的过程。有根据轧钢工艺要求的温度不同，分为热轧和冷轧。

2. 钢的分类

钢的种类很多，按照钢的化学成分、品质、冶炼方法和用途等的不同，可对钢进行多种的分类。

（1）按化学成分分类。按钢材的化学成分可分为非合金钢（也叫碳素钢）和合金钢两大类。

碳素钢按含碳量多少可分为低碳钢（含碳量不大于 0.25%）、中碳钢（含碳量为 $0.25\%\sim0.60\%$）和高碳钢（含碳量大于 0.6%）三类。

合金钢按合金元素的含量又可分为低合金钢（合金元素总含量小于 5%）、中合金钢（合金元素总含量为 $5\%\sim10\%$）和高合金钢（合金元素总含量大于 10%）三类。

合金钢按合金元素的种类可分为锰钢、铬钢、硼钢、铬镍钢、硅锰钢等。

（2）按冶金质量分类。按钢中所含有害杂质硫、磷的多少，可分为普通钢（含硫量不大于 0.050%，含磷量不大于 0.045%）、优质钢（含硫量，含磷量不大于 0.035%）和高级优质钢（含硫量不大于 0.025%，含磷量不大于 0.025%）三类。

（3）按冶炼时脱氧的程度分类。按冶炼时脱氧程度，可将钢分为沸腾钢（脱氧不完全）、镇静钢（脱氧较完全）和半镇静钢三类。

（4）按用途分类。按钢的用途可分为结构钢、工具钢、特殊钢三大类。

1）结构钢又分为工程构件用钢和机器零件用钢两部分。工程构件用钢包括建筑工程用钢、桥梁工程用钢、船舶工程用钢、车辆工程用钢。机器用钢包括调质钢、弹簧钢、滚动轴承钢、渗碳和渗氮钢、耐磨钢等。这类钢一般属于低、中碳钢和低、中合金钢。

2）工具钢分为刃具钢、量具钢、模具钢。主要用于制造各种刃具、模具和量具，这类钢一般属于高碳、高合金钢。

3）特殊性能钢分为不锈钢、耐热钢等。这类钢主要用于各种特殊要求的场合，如化学工业用的不锈耐酸钢、核电站用的耐热钢等。

（5）按金相组织分类。按钢退火态的金相组织可分为亚共析钢、共析钢、过共析钢三种。

按钢正火态的金相组织可分为珠光体钢、贝氏体钢、马氏体钢、奥氏体钢四种。

在给钢的产品命名时，往往把成分、质量和用途几种分类方法结合起来。如碳素结构钢、优质碳素结构钢、碳素工具钢、高级优质碳素工具钢、合金结构钢、合金工具钢、高速工具钢等。

（6）我国钢的牌号表示方法。钢编号的原则主要有两条：①根据编号可以大致看出该钢的成分；②根据编号可大致看出该钢的用途。我国的钢材编号是采用国际化学元素符号和汉语拼音字母并用的原则，即钢号中的化学元素采用国际化学元素符号表示，如 Si、Mn、Cr、W、…其中只有稀土元素，由于其含量不多，种类不少，不易一一分析出来，因此用"Re"表示其总含量。而产品名称、用途和浇铸方法等则采用汉语拼音字母表示。

7.1.2　非合金钢

非合金钢按现行标准主要分为：碳素结构钢、优质碳素结构钢、碳素工具钢、易切削结构钢和工程用铸造碳钢共五类。

1. 碳素结构钢

碳素结构钢是建筑及工程用非合金结构钢，价低，焊接性、冷变形成型性优良，用于制造一般工程结构及普通机械零件。通常轧制成各种型材（圆钢、方钢、工字钢、钢筋等），一般不热处理，在热质状态下直接使用。碳素结构钢的牌号、化学成分和力学性能可参照 GB/T 700—2006《碳素结构钢》。

（1）碳素结构钢的牌号及其表示方法。碳素结构钢的牌号由四个部分组成：屈服点的字母（Q）、屈服点数值（MPa）、质量等级符号（A、B、C、D）、脱氧程度符号（F、B、Z、TZ）。碳素结构钢的质量等级是按钢中硫、磷含量由多至少划分的，随 A、B、C、D 的顺序质量等级逐级提高。当为镇静钢或特殊镇静钢时，则牌号表示"Z"与"TZ"符号可予以省略。

按标准规定，我国碳素结构钢分五个牌号，即 Q195、Q215、Q235、Q255 和 Q275。如 Q235AF 代表屈服点 σ_s＝235MPa、质量为 A 级的沸腾碳素结构钢。

（2）碳素结构钢各类牌号的特性与用途。建筑工程中常用的碳素结构钢牌号为 Q235，由于该牌号钢既具有较高的强度，又具有较好的塑性和韧性，可焊性也好，故能较好地满足一般钢结构和钢筋混凝土结构的用钢要求。相反用 Q195 和 Q215 号钢，虽塑性很好，但强度太低；而 Q255 和 Q275 号钢，其强度很高，但塑性较差，可焊性亦差，所以均不适用。

Q235 号钢冶炼方便，成本较低，故在建筑中应用广泛。由于塑性好，在结构中能保证在超载、冲击、焊接、温度应力等不利条件下的安全，并适于各种加工，大量被用作轧制各种型钢、钢板及钢筋。其力学性能稳定，对轧制、加热、急剧冷却时的敏感性较小。其中 Q235—A 级钢，一般仅适用于承受静荷载作用的结构，Q235—C 和 D 级钢可用于重要焊接的结构。另外，由于 Q235—D 级钢含有足够的形成细晶粒结构的元素，同时对硫、磷有害元素控制严格，故其冲击韧性很好，具有较强的抗冲击、振动荷载的能力，尤其适宜在较低温度下使用。

Q195 和 Q215 号钢常用作生产一般使用的钢钉、铆钉、螺栓及铁丝等；Q255 及 Q275 号钢多用于生产机械零件和工具等。

2. 优质碳素结构钢

优质碳素结构钢属优质钢，不仅要保证化学成分也要保证机械性能。同时要求杂质（S、P）含量较低。优质碳素结构是用于制造重要机械零件的钢，一般要经过热处理使用。

（1）优质碳素结构钢的牌号及其表示方法。优质碳素结构钢的牌号用两位数字表示，代表钢中碳的平均万分含量（平均碳含量的万分之几）。少数沸腾钢数字后加"F"，其中含锰量不超过 0.8% 的为较低含锰量钢，0.8%～1.2%Mn 为较高含锰量钢，并在数字后面加"Mn"。如 40Mn 表示钢中平均碳含量为 0.40%；65Mn 表示平均碳含量为 0.65%，锰含量在 0.7%～1.00%。

（2）优质碳素结构钢各类牌号的特性与用途。优质碳素结构钢各类牌号的特性与用途、成分和性能见 GB/T 699—1999《优质碳素结构钢》。

优质碳素结构钢的用途根据化学成分和性能不同而异。低碳碳素结构钢（含碳量小于0.25%），因塑性、韧性及焊接性能优良，主要用于轧制薄板、钢带、型钢及拉丝等。08F 多用于制造各种冲压件，如搪瓷制品、汽车外壳零件等。15Mn、20Mn 是常用的渗碳钢，可用于制造对心部强度要求不高的渗碳零件，如机械、汽车、拖拉机齿轮、凸轮、活塞销等中碳碳素结构钢（含碳量为 0.25%～0.60%）与低碳碳素结构钢相比，强度较高而塑性、韧性稍低，多轧掉型钢，用于制造轴类零件，经调质处理后使用，因此也称高质钢。45 钢是应用十分广泛的中碳碳素结构钢，高碳碳素结构钢（含碳 0.60%）具有较高的强度、硬度、弹性和耐磨性、多生产型钢，主要用于制造机具的易磨损零碎件和弹簧等，如农机的犁铧、耙片、轧机轧辊及减震弹簧、座垫弹簧等。65Mm、70Mn、75Mn、80Mn、85Mn 钢也属于特殊质量非合金钢（弹簧钢）。

用途：08F 钢一般轧成高精度薄板或薄带供应，主要用于冷冲压件，如汽车外壳、仪器和仪表外壳等；10～25 钢常用于冲压件、焊接件、强度要求不高的零件及渗碳件，如机器外罩、焊接容器、小轴、销子、法兰盘、螺钉、螺母、垫圈及渗碳凸轮、齿轮等；30～55 钢调质后可得良好综合力学性能，主要用于受力较大的机械零件，如曲轴、连杆、齿轮、机床主轴等；60 以上的钢具有较高的强度、硬度和弹性，但焊接性、切削性差，主要用于制作各种弹簧、高强度钢丝、机车轮缘、低速车轮及其他耐磨件。牌号后加

"Mn"的钢，其用途与对应钢号的普通含锰量钢基本相同，但淬透性和强度稍高，可制作截面稍大或强度稍高的零件。

为适应某些专业的特殊需要，对优质碳素结构钢的成分和工艺作一些调整，使性能能够适应专业需要，可派生出锅炉与压力容器、船舶、桥梁、汽车、农机、纺织机械、焊条、铆螺等一系列专业用钢，国家已制定了标准。

3. 碳素工具钢

生产成本较低，加工性能良好，可用于制造低速、手动刀具及常温下使用的工具、模具、量具等。各种牌号的碳素工具钢淬火后的硬度相差不大，但随含碳量的增加，未溶的二次渗碳体增多，钢的耐磨性提高，韧性降低。所以，不同牌号的工具钢使用于不同用途的工具。

碳素工具钢的牌号是 T（"碳"的汉语拼音字首）＋数字（表示钢的平均含碳量为千分之几）。例如 T10 表示平均 $\omega(C)=1.00\%$ 的碳素工具钢。碳素工具钢都是优质钢，含锰量较高者，在钢号后标以"锰"或"Mn"，如"碳8锰"或"T8Mn"。如钢号后标 A，表示该钢是高级优质钢。常用碳素工具钢的牌号、成分、硬度和用途见表7.1。

表 7.1　　　　　　　　　　　碳素工具钢的牌号、成分、硬度和用途

牌号	化学成分 $\omega Me(\%)$			硬　度			用　途　举　例
				退火状态	试样淬火		
	C	Mn	Si	HBS 不大于	淬火温度（℃）和淬火介质	HRC ≥	
T7	0.65～0.74	≤0.40	≤0.35	187	800～820、水	62	用于承受振动、冲击、硬度适中有较好韧性的工具，如凿子、冲头、木工工具、大锤等
T8	0.75～0.84	≤0.40	≤0.35	187	780～800、水	62	有较高硬度和耐磨性的工具，如冲头、木工工具、剪切金属用剪刀等
T8Mn	0.80～0.90	0.40～0.60	≤0.35	187	780～800、水	62	与 T8 钢相似，但淬透性高，可制造截面较大的工具
T9	0.85～0.94	≤0.40	≤0.35	192	760～780、水	62	一定硬度和韧性的工具，如冲头、冲模、凿子等
T10	0.95～1.04	≤0.40	≤0.35	197	760～780、水	62	耐磨性要求较高，不受剧烈振动，具有一定韧性及锋利刃口的各种工具，如刨刀、车刀、钻头、丝锥、手用锯条、拉丝模、冷冲模等
T11	1.05～1.14	≤0.40	≤0.35	207	760～780、水	62	
T12	1.15～1.24	≤0.40	≤0.35	207	760～780、水	62	不受冲击、高硬度的各种工具，如丝锥、锉刀、刮刀、绞刀、板牙、量具等
T13	1.25～1.35	≤0.40	≤0.35	217	760～780、水	62	不受振动、要求极高硬度的各种工具，如剃刀、刮刀、刻字刀具等

4. 易切削结构钢

在钢中加入一种或几种元素，利用其本身或与其他元素形成一种对切削有利的夹杂物，来改善钢材的切削加工性的钢叫易切削钢。由于钢中加入的易切削元素，使钢的切削抗力减小，同时易切削元素本身的特性和所形成的化合物起润滑切削刀具的作用，易断屑，减轻了磨损，从而降低了工件的表面粗糙度，提高了刀具寿命和生产效率。这类钢可以用较高的切削速度和较大的切削深度进行切削加工。常用元素有 S、P、Pb，也用 Ca、Se、Te 等。

其牌号是在同类结构钢牌号前冠以"Y"，以区别其他结构用钢。例如 Y15Pb 中$\omega(C)$ $=0.05\%\sim0.10\%$，$\omega(S)=0.23\%\sim0.33\%$，$\omega(Pb)=0.15\%\sim0.35\%$。Y12、Y15 是硫磷复合低碳易切钢，用来制造螺栓、螺母、管接头等不重要的标准件；Y20 切削加工后可渗碳处理，用来制造表面耐磨的仪器仪表零件；Y45Ca 适合于高速切削加工，比 45 提高生产效率 1 倍以上，用来制造重要的零件，如机床的齿轮轴、花键轴等热处理零件。

易切削结构钢虽然钢中含 S、P 较多，但在这类钢中是作为有益元素加入或保存下来，因此，属于优质钢。GB 8731—2008《易切削结构钢》中的 Y40Mn 属优质低合金钢，其余均属于优质非合金钢。随着汽车工业的发展，用合金易切削钢制造承受载荷大的齿轮和轴类零件日益增多。

5. 工程用铸造碳钢

用以浇注铸件的碳钢，是铸造合金的一种。只用于制造重型机械、矿山机械、冶金机械、机车车辆的受力不大，要求韧性高的各种机械零件。铸造碳钢的铸造性能比铸铁差，主要体现在流动性差、凝固时收缩率大、易产生偏析等。

工程用铸造碳钢的牌号：ZG（"铸钢"二字的汉语拼音字首）＋三位数字（表示屈服点）。＋三位数字（表示抗拉强度）。若钢号末尾标字母 H（焊），表示该钢是焊接结构用碳素铸钢。

一般工程用铸造碳钢的标准 GB/T 5613—1995《铸钢牌号表示方法》将铸造碳钢按照室温下的机械性能分为五个牌号，即 ZG200—400、ZG230—450、ZG270—500、ZG310—570 和 ZG340—640。对钢中的基本化学成分只规定其质量分数的上限，对钢中残余合金元素的限制比较宽。例如，ZG220—400 表示屈服点为 200MPa、抗拉强度为 400MPa 的工程用铸钢。

GB/T 5613—1995 还规定，以化学成分表示的铸钢牌号中"ZG"后面一组数字表示铸钢名义万分含碳量，其后排列各主要合金元素符号及名义百分含量。如 ZG15Cr1Mo1V 表示平均$\omega(C)=0.15\%$，$\omega(Cr)=0.9\%\sim1.4\%$，$\omega(Mo)=0.9\%\sim1.4\%$，$\omega(V)=0.9\%$ 的铸钢。

7.1.3 合金钢

1. 合金元素的作用

为改善碳素钢的性能，有意加入一些合金元素而得到的多元合金就是合金钢。合金元素在钢中可以两种形式存在：一种是溶解于碳钢原有的相中，形成合金铁素体或合金碳化物；另一种是形成某些碳钢中所没有的新相，形成特殊碳化物。在一般的合金化理论中，按与碳亲合力的大小，可将合金元素分为碳化物形成元素与非碳化物形成元素两大类。常用的合金元素有以下几种：

（1）非碳化物形成元素，如 Ni、Co、Cu、Si、Al、N、B。

（2）碳化物形成元素，如 Mn、Cr、Mo、W、V、Ti、Nb、Zr。

此外，还有稀土元素，一般用符号 Re 表示。

钢的性能取决于钢的相组成，相的成分和结构，各种相在钢中所占的体积组分和彼此相对的分布状态。合金元素是通过影响上述因素而起作用，形成碳素钢所不具备的优异殊性能，简要总结如下：

（1）提高钢的强度和硬度。强度是金属材料最重要的性能指标之一，使金属材料的强度提高的过程称为强化。强化是研制结构材料的主要目的。合金钢的强化一般有以下几种方式：固溶强化，溶质原子由于与基体原子的大小不同，因而使基体晶格发生畸变，产生强化。固溶强化的强化量与溶质的浓度有关，在达到极限溶解度之前，溶质浓度越大，强化效果越好；晶粒细化，超细晶粒时，纯铁或软钢的屈服强度可以达到 $400\sim600MPa$，接近于中强钢的屈服强度。晶粒细化不仅可以提高强度，而且可以改善钢的韧性，这是其他强化方式难以达到的。因此细晶化，特别是超细晶化，是目前正在大力发展的重要强化手段。

（2）提高钢的淬透性。合金元素对钢的淬透性的影响，由强到弱可以排列成下列次序：Mo、Mn、W、Cr、Ni、Si、V。通过复合元素，采用多元少量的合金化原则，对提高钢的淬透性会更有效。

（3）提高钢的回火稳定性。淬火钢在回火过程中抵抗硬度下降的能力称为回火稳定性。由于合金元素阻碍马氏体分解和碳化物聚集长大过程，使回火的硬度降低过程变缓，从而提高钢的回火稳定性。由于合金钢的回火稳定性比碳钢高，若要求得到同样的回火硬度时，则合金钢的回火温度就比同样含碳量的碳钢来的高，回火的时间也长，内应力消除得好，钢的塑性和韧性指标就高。所以，当回火温度相同时，合金钢的强度、硬度就比碳钢高。

（4）产生二次硬化现象。一些碳化物形成元素如 Cr、W、Mo、V 等，在回火过程中有二次硬化作用。例如高速钢在 560℃回火时，又析出了新的更细的特殊碳化物，发挥了第二相的弥散强化作用，使硬度又进一步提高。这种二次硬化现象在合金工具钢中是很有价值的。

（5）合金元素使合金钢具有某些特殊性能。形成一些特殊的性能，如不锈、耐热、耐磨等。

2. 合金钢的分类和牌号

（1）合金钢的分类。

1）按合金元素的含量分类。通常按合金元素含量多少分为低合金钢（含量小于5%），中合金钢（含量为 5%～10%），高合金钢（含量大于10%）。

2）按质量、特性和主要用途分类。按质量分为优质合金钢、特质合金钢；按特性和用途又分为合金结构钢、合金工具钢和特殊性能钢等，每一类又可分为若干种。

a. 合金结构钢：低合金高强度钢、渗碳钢、调质钢、弹簧钢、滚动轴承钢等。

结构钢分为工程结构钢和机械结构钢。工程结构钢主要是指用作建筑、铁路、桥梁、容器等工程构件用钢，这种钢制构件大多不再进行热处理；机械结构用合金钢主要用于制造各种机械零件，其质量等级都属于特级质量等级，需经热处理后才能使用，按用途、热处理特点可分为渗碳钢、调质钢、弹簧钢、滚动轴承钢、超高强度钢等。

b. 合金工具钢：刃具钢、模具钢、量具钢和高速工具钢。

c. 特殊性能钢：不锈钢、耐热钢、耐磨钢等。

（2）合金钢的牌号。

1）合金结构钢的牌号。一般合金结构钢用两位数字（平均含碳量为万分之几）＋合金元素符号＋数字（合金元素量为百分之几），当 $\omega(Me)<1.5\%$，可不标，如 60Si2Mn；滚动轴承钢的编号是 G（"滚"字的汉语拼音首字母）＋Cr＋数字（Cr 含量为千分之几）＋合金元素符号＋数字，如 GCr15、GCr15SiMn。

2）合金工具钢的牌号。合金工具钢与合金结构钢的牌号的区别仅在含碳量的表示方法，当合金工具钢的碳含量小于 1％时，编号为：一位数字（碳含量为千分之几）＋合金元素符号＋数字，如 9Mn2V；当合金钢的碳量大于 1％时，编号为：合金元素符号＋数字，如 CrWMn；高速钢牌号中不标含碳量，如 W18Cr4V。

3）特殊性能钢的牌号。特殊性能钢的牌号编制与合金工具钢的碳含量小于 1％的基本相同，只是当 $\omega(C)\leqslant0.08\%$ 和 $\omega(C)\leqslant0.03\%$ 时，在牌号前面分别冠以"0"及"00"，如 0Cr19Ni9，00Cr30MoZ 等。一般含碳量 $[\omega(C)\leqslant0.15\%]$，低碳级 $[\omega(C)\leqslant0.08\%]$ 和超低碳级 $[\omega(C)\leqslant0.03\%]$。

7.1.4 铸铁

铸铁是历史上使用得较早的材料，也是最便宜的金属材料之一，同时它具有很多优点。同钢一样，铸铁也是 Fe、C 元素为主的铁基材料，但是它含碳量很高（碳含量大于 2.11％），达到亚共晶、共晶或过共晶成分，而且铸铁成型制成零件毛坯只能用铸造方法，不能用锻造或轧制方法。

铸铁中碳元素按主要存在形式不同可分为两大类：一类是白口铸铁（断口呈现白色），碳的主要存在形式是化合物，如渗碳体，没有石墨；另一类是灰口铸铁（断口呈现黑灰色），碳的主要存在形式是碳的单质，即游离状态石墨。灰口铸铁根据石墨存在的形式不同分为灰铸铁、可锻铸铁、球墨铸铁、蠕墨铸铁。介于白口铸铁与灰口铸铁之间为麻口铸铁，其中的碳既有游离石墨又有渗碳体。

白口铸铁的脆性特别大，又特别坚硬，作为零件在工业上很少用，只有少数的部门采用，例如，农业上用的犁，除此之外多作为炼钢用的原料，作为原料时，通常称它为生铁。灰口铸铁在铸造生产中广泛采用。在铸铁中还有一类特殊性能铸铁，如耐热铸铁、耐蚀铸铁、耐磨铸铁等，它们都是为了改善铸铁的某些特殊性能加入一定的合金元素如 Cr、Ni、Mo、Si 等，所以又把这类铸铁称为合金铸铁。

铸铁中的石墨形态、尺寸以及分布状况对性能影响很大。铸铁中石墨状况主要受铸铁的化学成分及工艺过程的影响。通常，铸铁中石墨形态（片状或球状）在铸造后即形成；也可将白口铸铁通过退火，让其中部分或全部的碳化物转化为团絮状形态的石墨。工业上使用的铸铁很多，按石墨的形态和组织性能，可分为灰口铸铁、蠕墨铸铁、球墨铸铁、可锻铸铁和特殊性能铸铁等。

1. 灰口铸铁

（1）灰口铸铁的化学成分、组织和性能。灰口铸铁的化学成分大致范围是：$\omega(C) =$ 2.5%～3.6%，$\omega(Si) = 1.0$%～2.5%，$\omega(P) \leqslant 0.3$%，$\omega(Mn) = 0.5$%～1.3%，$\omega(S) \leqslant$ 0.15%，具有上述成分范围的液体铁水在进行缓慢冷却凝固时，将发生石墨化，析出片状石墨，其断口的外貌呈浅烟灰色，所以称为灰口铸铁。

灰口铸铁的性能取决于基体组织和石墨的数量、形态、大小和分布状态。普通灰口铸铁的组织是由片状石墨和钢的基体两部分组成的。根据不同阶段石墨化程度的不同，灰口铸铁有三种不同的基体组织，如图7.1所示。

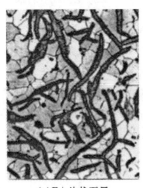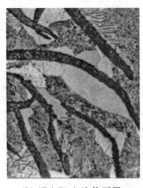

(a)F+片状石墨　　　　(b)(F+P)+片状石墨　　　　(c)P+片状石墨

图7.1　灰口铸铁的显微组织

灰口铸铁的第一阶段石墨化已充分进行，其基体组织取决于第二阶段的石墨化程度。由于石墨化程度不同，可以获得3种不同基体组织：铁素体，珠光体＋铁素体，珠光体。铁素体基体强度、硬度低，珠光体基体强度、硬度较高。当石墨状态相同时，珠光体的量越多，铸铁的强度就越高。因此灰口铸铁的抗拉强度、疲劳强度都很差，塑性、冲击韧度几乎为零。当机体组织相同时，其石墨越多、片越粗大、分布越不均匀，铸铁的抗拉强度和塑性越低。因此珠光体铸铁应用广。

石墨虽然降低了铸铁的力学性能，但确使铸铁获得了许多钢所得不到的优良性能。如铸铁有良好的减摩性、减震性、缺口敏感性低、良好的切削加工性、熔点低、流动性好、铸造工艺性好，能够铸造形状复杂的零件。

在生产中，为浇注出合格的灰铸铁件，一般应根据所生产的铸铁牌号、铸铁壁厚、造型材料等因素来调节铸铁的化学成分，这是控制铸铁组织的基本方法。

（2）灰口铸铁的牌号和用途。灰口铸铁的牌号以"HT"和其后的一组数字表示。其中"HT"是"灰铁"二字的汉语拼音首字母，其后一组数字表示直径30mm试棒的最小抗拉强度值。灰口铸铁的牌号、力学性能和用途见表7.2。

（3）灰口铸铁的孕育处理。为了改善灰口铸铁的组织和力学性能，生产中常采用孕育处理，即在浇注前向铁水中加入少量孕育剂（如硅铁、硅钙合金等），改变铁水的结晶条件，从而得到细小均匀分布的片状石墨和细小的珠光体组织。经孕育处理后的灰口铸铁称

表 7.2　　　　　　　　　　　　灰口铸铁的牌号、力学性能和用途

铸铁类型	牌号	铸件壁厚 (mm)	力学性能		用 途 举 例
			σ_b(MPa)	HBS	
F 灰口铸铁	HT100	2.5～10	130	110～160	适用于载荷小、对摩擦和磨损无特殊要求的不重要零件,如防护罩、盖、油盘、手轮、支架、底板、重锤、小手柄、镶导轨的机床底座等
		10～20	100	93～140	
		20～30	90	87～131	
		30～50	80	82～122	
F＋P 灰口铸铁	HT150	2.5～10	175	137～205	承受中载荷的零件,如机座、支架、箱体、刀架、床身、轴承座、工作台、带轮、法兰、泵体、阀体、管路附件、飞轮、电动机座等
		10～20	145	119～179	
		20～30	130	110～166	
		30～50	120	105～157	
P 灰口铸铁	HT200	2.5～10	220	157～236	承受较大载荷和要求一定的气密封性或耐蚀性等较重要零件,如汽缸、齿轮、机座、飞轮、床身、汽缸体、活塞、齿轮箱、刹车轮、联轴器盘、中等压力(80MPa以下)阀体、泵体、液压缸、阀门等
		10～20	195	148～222	
		20～30	170	134～200	
		30～50	160	129～192	
孕育铸铁	HT300	10～20	290	182～272	承受高载荷、耐磨和高气密性重要零件,如重型机床、剪床、压力机、自动机床的床身、机座、机架、高压液压件、活塞环、齿轮、凸轮、车床卡盘、衬套,大型发动机的汽缸体、缸套、汽缸盖等
		20～30	250	168～251	
		30～50	230	161～241	

为孕育铸铁。孕育铸铁的强度有较大的提高,塑性和韧性也有改善,并且由于孕育剂的加入,使冷却速度对结晶过程的影响减小,使铸件的结晶几乎是在整个体积内同时进行的,使铸件在各个部位获得均匀一致的组织。因而孕育铸铁用于制造力学性能要求较高、截面尺寸变化较大的大型铸件。

(4) 灰口铸铁的热处理。由于热处理只能改变灰口铸铁的基体组织,不能改变石墨的形状、大小和分布,故灰口铸铁的处理一般只用于消除铸件内应力和白口组织、稳定尺寸、提高工件表面的硬度和耐磨性等。

1) 消除应力退火。将铸铁缓慢加热到 500～600℃,保温一段时间,随炉将至 200℃后出炉空冷。

2) 消除白口组织的退火。将铸件加热到 850～950℃,保温 2～5h,然后随炉冷却到 400～500℃,出炉空冷,使渗碳体在高温和缓慢冷却中分解,用以消除白口,降低硬度,改善切削加工性。

3) 表面淬火。为了提高某些铸件的表面耐磨性,常采用高(中)频表面淬火或接触电阻加热表面淬火等方法,使工作面(如机床导轨)获得细马氏体基体＋石墨的组织。

2. 球墨铸铁

灰口铸铁经孕育处理后虽然细化了石墨片,但未能改变石墨的形态。改变石墨形态是大幅度提高铸铁机械性能的根本途径,而球状石墨则是最为理想的一种石墨形态。为此,在浇注前向铁水中加入球化剂和孕育剂进行球化处理和孕育处理,则可获得石墨呈球状分布的铸铁,称为球墨铸铁,简称"球铁"。

(1) 灰口铸铁的化学成分、组织和性能。球墨铸铁的化学成分范围是:$\omega(C)=$ 3.8%～4.0%,$\omega(Si)=2.0\%～2.8\%$,$\omega(Mn)=0.6\%～0.8\%$,$\omega(S)\leqslant0.04\%$,$\omega(P)<$

0.1%，$\omega(Mg)＝0.03\%\sim0.05\%$，$\omega(RE)＜0.03\%\sim0.05\%$。按铸态组织的不同。球墨铸铁可分为三种，其显微组织如图 7.2 所示。

 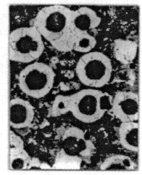 

(a)铁素体球墨铸铁　　(b)铁素体球—珠光体球墨铸铁　　(c)珠光体球墨铸铁

图 7.2　球墨铸铁的显微组织

常用的球化剂有镁、稀土合金和稀土镁合金三种，我国广泛采用稀土镁合金。由于镁和稀土元素都是强烈阻止石墨化的元素，只加球化剂处理，易使铸铁生成白口，所以，还应加入适量的孕育剂硅铁，以促进石墨化。

（2）球墨铸铁的牌号和用途。球墨铸铁的牌号用"QT"和其后的两组数字表示。其中"QT"是"球铁"二字的拼音首字母，后面的两组数字分别表示最低抗拉强度和最低断后伸长率。各种球墨铸铁的牌号力学性能和用途见表 7.3。

表 7.3　　　　　　　　　　球墨铸铁的牌号、力学性能和用途

牌号	力 学 性 能				基体组织类型	用途举例
	σ_b(MPa)	$\sigma_{0.2}$(MPa)	δ(%)	HBS		
	不大于					
QT400－18	400	250	18	130～180	F	承受冲击、振动的零件，如汽车、拖拉机轮毂、差速器壳、拨叉、农机具零件、中低压阀门、上下水及输气管道、压缩机高低压汽缸、电机机壳、齿轮箱、飞轮壳等
QT400－15	400	250	15	130～180	F	
QT450－10	450	310	10	160～210	F	
QT500－7	500	320	7	170～230	F+P	机器座架、传动轴飞轮、电动机架、内燃机的机油泵齿轮、铁路机车车轴瓦等
QT600－3	600	370	3	190～270	F+P	载荷大、受力复杂的零件，如汽车、拖拉机、曲轴、连杆、凸轮轴、磨床、铣床、车床的主轴、机床蜗杆、轧钢机轧滚、大齿轮、汽缸体等
QT700－2	700	420	2	225～305	P	
QT800－2	800	480	2	245～335	P 或回火组织	
QT900－2	900	600	2	280～360	B 或 M 回	高强度齿轮。如汽车后桥锥齿轮、大减速器齿轮、内燃机曲轴、凸轮轴等

球墨铸铁的基体组织上分布着球状石墨，由于球状石墨对基体组织的割裂作用和应力集中作用很小，所以球墨铸铁力学性能远高于灰铸铁，而且石墨球越圆整、细小、均匀则

力学性能越高，在某些性能方面甚至可与碳钢相媲美。球墨铸铁同时还具有灰铸铁的减震性、耐磨性和低的缺口敏感性等一系列优点。可以用球墨铸铁来代替钢制造某些重要零件，如曲轴、连杆、轴等。

在生产中经退火、正火、调质处理、等温退火等不同的热处理，球墨铸铁可获得不同的基体组织：铁素体、珠光体＋铁素体、珠光体、贝氏体。

3. 可锻铸铁

可锻铸铁是由一定化学成分的白口铸铁通过长时间的石墨化退火而获得的具有团絮状石墨的铸铁。

（1）可锻铸铁的化学成分和组织特征。可锻铸铁的生产过程可分为两步：第一步先铸成白口铸铁件，第二步再经高温长时间的石墨化退火，由于生产可锻铸铁的先决条件是浇注出白口铸铁，为此必须控制铸件化学成分，使之具有较低的 C、Si 含量。通常化学成分为 $\omega(C)=2.2\%\sim2.8\%$，$\omega(Si)=1.0\%\sim1.8\%$，$\omega(Mn)=0.5\%\sim0.7\%$，$\omega(S)<0.1\%$，$\omega(P)\leqslant0.2\%$。

铁素体基体＋团絮状石墨的可锻铸铁断口呈黑灰色，俗称黑心可锻铸铁，这种铸铁件的强度与延性均较灰口铸铁的高，非常适合铸造薄壁零件，是最为常用的一种可锻铸铁。珠光体基体或珠光体与少量铁素体共存的基体＋团絮状石墨的可锻铸铁件断口呈白色俗称"白心可锻铸铁"，这种可锻铸铁应用不多。其显微组织如图 7.3 所示。

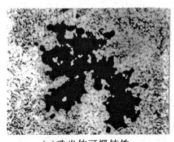 

（a）珠光体可锻铸铁　　　　（b）铁素体可锻墨铸铁（黑心）

图 7.3　球墨铸铁的显微组织

（2）可锻铸铁的牌号和用途。可锻铸铁的牌号分别用"KTH"（黑心可锻铸铁）、"KTZ"（珠光体可锻铸铁）和其后的两组数字表示。其中"KT"是"可铁"二字的汉语拼音首字母，两组数字分别表示最低抗拉强度和最低断后伸长率。常用可锻铸铁的牌号、性能和用途见表 7.4。

可锻铸铁生产过程较为复杂，退火时间长，因此，生产率低、能耗大、成本较高。近年来，不少可锻铸铁件已被球墨铸铁件所代替。但可锻铸铁韧性和耐蚀性好，适宜制造形状复杂、承受冲击的薄壁铸件及在潮湿环境中工作的零件，与球墨铸铁相比具有质量稳定、铁水处理简易、易于组织流水线生产等优点。

4. 蠕墨铸铁

蠕墨铸铁是近几十年发展起来的新型铸铁。它是在一定成分的铁水中加适量的蠕化剂，获得石墨形态介于片状与球状之间，形似蠕虫状石墨的铸铁。

表 7.4　　　　　　　　　　　常用可锻铸铁的牌号、性能和用途

种类	牌　号	试样直径(mm)	力 学 性 能				用 途 举 例
			σ_b(MPa)	$\sigma_{0.2}$(MPa)	δ(%)	HBS	
			不大于				
黑心可锻铸铁	KTH300—06	12 或 15	300		6	≤150	制弯头、三通管件、中低压阀门等
	KTH330—08		330		8		制机床扳手、犁刀、犁柱、车轮壳等
	KTH350—10		350	200	10		汽车、拖拉机前后轮壳、后桥壳、减速器壳、转向节壳、制动器、铁道零件等
	KTH370—12		370		12		
珠光体可锻铸铁	KTZ450—06		450	270	6	150～200	载荷较高和耐磨零件，如曲轴、凸轮轴、连杆、齿轮、活塞环、摇臂、轴套、耙片、万向节头、棘轮、扳手、传动链条、犁刀、矿车轮等
	KTZ550—04		550	340	4	180～250	
	KTZ650—02		650	430	2	210～260	
	KTZ700—02		700	530	2	240～290	

　　蠕墨铸铁的化学成分要求与球墨铸铁相近，生产方法与球墨铸铁也相似。蠕化剂有镁钛合金、稀土镁钛合金、稀土镁钙合金等。生产中蠕墨铸铁的蠕虫状石墨往往与球状石墨共存，蠕化率是影响蠕墨铸铁性能的主要因素。

　　(1) 蠕墨铸铁的化学成分和组织特征。蠕墨铸铁的化学成分一般为：3.4%～3.6%C，2.4%～3.0%Si，0.4%～0.6%Mn，不大于0.06%S，不大于0.07%P。对于珠光体蠕墨铸铁，要加入珠光体稳定元素，使铸态珠光体量提高。

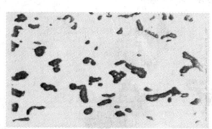

图 7.4　球墨铸铁的显微组织

　　蠕墨铸铁的石墨形态介于片状和球状石墨之间。而蠕墨铸铁的石墨形态在光学显微镜下看起来像片状，但不同于灰口铸铁的是其片较短而厚、头部较圆（形似蠕虫），所以可以认为蠕虫状石墨是一种过渡型石墨。其显微组织如图 7.4 所示。

　　(2) 蠕墨铸铁的牌号、性能特点及用途。蠕墨铸铁的牌号用"RuT"和其后的一组数字表示，RuT是"蠕铁"的汉语拼音简写，数字表示最小抗拉强度，例如 RuT340。各牌号蠕墨铸铁的主要区别在于基体组织。

　　蠕墨铸铁的力学性能介于相同基体组织的灰铸铁和球墨铸铁之间，其铸造性能和热传导性、耐疲劳性及减震性与灰铸铁相近。蠕墨铸铁已在加工业中广泛应用，主要用来制造大马力柴油机汽缸盖、汽缸套、电动机外壳、机座、机床床身、阀体、玻璃模具、起重机卷筒、纺织机零件、钢锭模等铸件。

7.2　常用非铁金属材料

　　非铁金属材料是指除钢铁材料以外的其他金属及合金的总称（俗称有色金属）。

　　非铁金属材料种类繁多，应用较广的是 Al、Cu、Ti 及其合金以及滑动轴承合金。

7.2.1 铝及其合金

1. 纯铝

纯铝为面心立方晶格，塑性好，强度、硬度低，一般不宜作结构材料使用。纯铝密度低，仅为铜的 1/3，熔点 660℃，基本无磁性，导电、导热性优良，仅次于银和铜。铝在大气中表面会生成致密的 Al_2O_3 薄膜而阻止其进一步氧化，所以抗大气腐蚀能力强。

纯铝主要用于制作电线、电缆、电气元件及换热器件。纯铝的导电、导热性随其纯度降低而变低，故纯度是纯铝材料的重要指标。纯铝的牌号中数字表示纯度高低。例如工业纯铝旧牌号有 L1、L2、L3、…符号 L 表示铝，后面的数字越大纯度越低。对应新牌号为 1070、1060、1050、…。

2. 铝合金的分类

Al 中加入 Si、Cu、Mg、Zn、Mn 等元素制成合金，强度提高，还可以通过变形、热处理等方法进一步强化。所以铝合金可以制造某些结构零件。

二元铝合金一般形成固态下局部互溶的共晶相图，如图 7.5 所示。依据其成分和加工方法，铝合金可划分为变形铝合金和铸造铝合金两大类。前者塑性优良，适于压力加工；后者塑性低，更适于铸造成形。

(1) 变形铝合金。由图 7.5 可知，凡成分在 D 点以左的合金加热时能形成单相固溶体组织，具有良好的塑性，适于压力加工，均称变形铝合金。变形铝合金又可分为两类：不能热处理强化的铝合金，成分在 F 点以左的合金；能热处理强化的铝合金，成分在 F 点与 D 点之间的铝合金。

(2) 铸造铝合金。成分在 D 点以右的铝

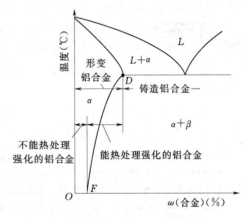

图 7.5 铝合金相图的一般类型

金，具有共晶组织，塑性较差，但熔点低，流动性好，适于铸造，故称铸造铝合金。

3. 铝合金强化的途径

铝合金的种类不同，其强化原理、途径也不同。

(1) 不可热处理的变形铝合金。这类铝合金在固态范围内加热、冷却无相变，因而不能热处理强化，其常用的强化方法是冷变形，如冷轧、压延等方法。主要包括高纯铝、工业高纯铝、工业纯铝以及防锈铝等。

(2) 可热处理强化变形铝合金。这类铝合金不但可变形强化，还能够通过固溶处理（也称淬火）和时效强化等热处理手段来进一步强化，以提高机械性能。

1) 固溶处理。将铝合金加热到 α 单相区某一温度，经保温，使第二相溶入 α 中，形成均匀的单相 α 固溶体，随后迅速水冷，在室温下得到过饱和的 α 固溶体，这种处理方法称为固溶热处理或固溶（俗称淬火）。固溶处理的性能特点：硬度、强度无明显升高，而塑性、韧性得到改善；组织不稳定，有向稳定组织状态过渡的倾向。

2) 时效强化。固溶处理后的铝合金，随时间延长或温度升高而发生硬化的现象，称

为时效（即时效强化）。合金时效强化的前提条件是合金在高温能形成均匀的固溶体，同时在冷却中，固溶体溶解度随之下降，并能析出强化相粒子。

在室温下放置或低温加热时，强度和硬度会明显升高，这种现象称为时效强化。在室温下进行的称自然时效；在加热条件下进行的称人工时效。

GB/T 8063—1994《铸造有色金属及其合金牌号表示方法》规定：铸造有色金属牌号由 Z 和基体金属元素符号、主要合金元素符号以及表明合金元素名义百分含量的数字组成，优质合金在牌号后面标注 A，压铸合金在合金牌号前面标字母"YZ"。

GB/T 16474—1996《变形铝及铝合金牌号表示方法》规定：我国变形铝及铝合金采用国际四位数字体系牌号和四位字符体系牌号的命名方法。按化学成分以在国际牌号注册组织注册命名的铝及铝合金，直接采用四位数字体系牌号；国际牌号注册组织未命名的，则按四位字符体系牌号命名。两种牌号命名方法的区别仅在第二位。

牌号第一位数字表示铝及铝合金组别，1×××，2×××，3×××，…，9×××，分别按顺序代表纯铝（$\omega_{Al} > 99.00\%$）、以铜为主要合金元素的铝合金，以锰、以硅、以镁和硅、以锌、以其他合金元素为主要合金元素的铝合金及备用合金组。

牌号第二位数字（国际四位数字体系）或字母（四位字符体系）表示纯铝或铝合金的改型情况，数字 0 或字母 A 表示原始纯铝和原始合金，如果是 1~9 或 B~Y 表示改型情况。

牌号最后两位数字用以标识同一组中不同的铝合金，纯铝则表示最低铝百分含量中小数点后面的两位。

在新旧牌号命名的过渡期间，国内原 GB 3190—82 中使用的牌号仍可继续使用。

常用铝合金的牌号、性能和用途见表 7.5。

表 7.5　　　　　　　　　　常用铝合金的牌号、性能和用途

类别	原牌号	新牌号	半成品种类	状态	力学性能		用途举例
					σ_b(MPa)	δ(%)	
防锈铝合金	LF2	5A02	冷轧板材	0	167~226	16~18	在液体下工作的中等强度焊接件、冷冲压件和容器、骨架零件等
			热轧板材	H112	117~157	7~6	
			挤压板材	0	≤226	10	
	LY12	2A12	冷轧板材（包铝）	T4	407~427	10~13	用量最大、用作各种要求高载荷的零件和构件（不包括冲压件和锻件），如飞机上的骨架零件、蒙皮、翼樑、铆钉等
			挤压棒材	T4	255~275	8~12	
			拉挤压管材	0	≤245	10	
	LY8	2B11	铆钉线材	T4	225	—	用作铆钉材料
超硬铝	LC3	7A03	铆钉线材	T6	284	—	制作受力结构的铆钉
	LC4	7A04	挤压棒材	T6	490~510	5~7	用作承力构件和高载荷零件，如飞机上的大樑、檩条、加强框、蒙皮、翼肋、起落架零件等，通常多用于取代 2A12
	LC9	7A09	冷轧板材	0	≤245	10	
			热轧板材	T6	490	3~6	
锻铝合金	LD5	2A50	挤压棒材	T6	353	12	形状复杂和中等强度的锻件和冲压件，内燃机活塞、气压机叶片、叶轮、圆盘以及其他在高温下工作的复杂锻件。2A70耐热性好
	LD7	2A70	挤压棒材	T6	353	8	
	LD8	2A80	挤压棒材	T6	441~432	8~10	
	LD10	2A14	热轧板材	T6	432	5	高负荷和形状简单的锻件和模锻件

注　0 为退火，T4 为固溶＋自然时效，T6 为固溶＋人工时效，H112 为热加工（取自 GB/T 16475—1996《变形铝及铝合金状态代号》）。

7.2.2 铜及铜合金

铜是应用最广的非铁金属材料，主要用作具有导电、导热、耐磨、抗磁、防暴等性能并兼有耐蚀性的器件。

1. 纯铜（紫铜）

纯铜的晶体结构是面心立方晶格，密度为 $8.96 \times 10^3 kg/m^3$，熔点为 1083℃，导电、导热性优良，塑性好、易于进行冷、热加工，但强度、硬度低，经冷变形加工后强度可提高，但塑性显著下降。

工业纯铜按杂质含量可分为 T1、T2、T3、T4 四个牌号，序号越大纯度越低，如 T1 含铜量为 99.95%，而 T4 为 99.50%，余量为杂质。纯铜一般不作结构材料使用，主要用于制造电线、电缆、电子元件及导热器件等。

2. 黄铜

黄铜对海水和大气有优良的耐蚀性，力学性能与含 Zn 量有关。当 $\omega(Zn) < 39\%$ 时，Zn 能完全溶解在黄铜内，形成面心立方晶格的 α 固溶体，塑性好，随含 Zn 量增加其强度和塑性都上升。当 $\omega(Zn)$ 大于 39% 以后，黄铜的组织由 α 固溶体和体心立方晶格的 β' 相组成，β' 相在 470℃ 以下塑性极差，但少量的 β' 相对强度无影响，因此强度仍较高。但含 $\omega(Zn)$ 大于 45% 以后合金组织全部是 β' 相和别的脆性相，致使强度和塑性均急剧下降。经冷加工强化黄铜可获得良好的力学性能。

为改善黄铜的性能加入少量的 Al、Mn、Sn、Si、Pb、Ni 等元素就得到特殊黄铜，如铅黄铜、锡黄铜、铝黄铜、锰黄铜、铁黄铜、硅黄铜等。其中 Al、Mn、Si 能改善力学性能；Al、Mn、Sn 能提高抗蚀性；Si 和 Pb 共存时能提高耐磨性；Pb 能提高切削加工性；Ni 能降低应力腐蚀的倾向。

GB 5232—1985《加工黄铜——化学成分和产品形状》规定：压力加工普通黄铜的牌号用"黄"的汉语拼音首字母"H"架数字表示，数字表示平均铜的质量分数。特殊黄铜由 H+合金元素符号+数字（铜含量）—合金元素含量组成。

常用黄铜的牌号、性能和用途见表 7.6。

表 7.6 常用黄铜的牌号、性能和用途

类别	牌号	制品种类	力学性能		主要特征	用途举例
			σ_b (MPa)	δ (%)		
普通加工黄铜	H80	板、带管、棒	640	5	在大气、淡水及海水中有较高的耐蚀性，加工性优良	造纸网、薄壁管、皱纹管、建筑装饰用品、镀层等
铅黄铜	HPb59—1	板、管棒、线	550	5	可加工性好，可冷、热加工，易焊接，耐蚀性一般。有应力腐蚀开裂倾向，用广	热冲压和切削加工制作的零件，如螺钉、垫片、衬套、喷嘴等
锰黄铜	HMn58—2	板、带棒、线	700	10	在海水、过热蒸汽、氯化物中有高的耐蚀性。有应力腐蚀开裂倾向，导热导电性能低	应用较广的黄铜品种，主要用于船舶制造和精密电器制造工业
铸造黄铜	ZCuZn38	砂型金属型	295 295	30 30	良好的铸造性和可加工性；力学性能较高，可焊接，有应力腐蚀开裂倾向	一般结构件，如螺杆、螺母、法兰、阀座、日用五金等

3. 青铜

青铜种类较多，由锡青铜、铅青铜、硅青铜、铍青铜、钛青铜等。常用青铜的牌号、主要性能和用途见表 7.7。

表 7.7　　　　　　　　　　常用青铜的牌号、主要性能和用途

类别	牌号	制品种类	力学性能		主 要 特 征	用 途 举 例
			σ_b（MPa）	δ（%）		
压力加工锡青铜	QSn4-3	板、带棒、线	350	40	有高的弹性和耐磨性，抗磁性良好，能很好地承受冷、热压力加工；在硬态下，切削性好，易焊接，在大气、淡水和海水中耐蚀性好	制作弹簧及其他弹性元件，化工设备上的耐蚀零件以及耐磨零件、抗磁零件、造纸工业用的刮刀
	QSn6.5-0.4	板、带棒、线	750	9	抗疲劳强度较高，弹性和耐磨性较好，但在热加工时有热脆性	除用作弹簧和耐磨零件外，主要用作造纸工业制作耐磨的铜网和载荷小于980MPa，圆周速度小于3m/s 的零件
	QSn4-4-2.5	板、带	650	3	高的减磨性和良好的切削性，易焊接，在大气、淡水中耐蚀性良好	轴承、卷边轴套、衬套、圆盘以及衬套的内垫等
铸造锡青铜	ZCuSn10Zn2	砂型	240	12	耐蚀性、耐磨性和切削性好，铸造性好，铸件致密性较高，气密性较好	在中等及较高载荷和小滑动速度下工作的重要管配件及阀、旋塞、泵体、齿轮、叶轮和涡轮等
		金属型	245	6		
	ZCuSn10Pb1	砂型	200	3	硬度高，耐磨性极好，不易产生咬死现象，有较好的铸造性和切削性，在大气、淡水中耐蚀性良好	可用于高载荷和高滑动速度下工作的耐磨零件，如连杆衬套、轴瓦、齿轮、涡轮等
		金属型	310	2		
		离心	330	4		
		金属型	540	15		

7.2.3　滑动轴承合金

1. 滑动轴承合金的性能

制造滑动轴承的轴瓦及气内衬的合金叫滑动轴承合金。滑动轴承合金应具有足够的抗压强度与疲劳强度，以承受轴颈所施加的载荷；有足够的塑性和韧性，以保证与轴颈配合良好，并承受冲击与振动；摩擦系数小，能保持住润滑油，以减少对轴颈的摩擦；具有小的膨胀系数和良好的导热性、耐蚀性，以防止轴瓦与轴颈因强烈摩擦升温而发生咬合，并能抵抗润滑油的侵蚀；具有良好的磨合能力，使载荷能均匀分布；加工工艺性良好，价格低。

轴承合金的组织通常是由软基体上均匀分布一定数量和大小的硬质点组成，或者由硬基体加软质点组成。当轴运转时，轴瓦的软基体易磨损而发生凹陷，能容纳润滑油，硬质

点则相对突起支撑着轴颈。这就减少了轴颈和轴瓦之间的接触面积，降低了摩擦系数。另外软基体可承受冲击和振动，使轴颈和轴瓦之间能很好地磨合，并且使偶然进入的外来硬质点能嵌入基体中。

2. 常用的轴承合金

滑动轴承合金按基体组织可分为锡基轴承合金（锡基巴士合金）、铅基轴承合金（铅基巴士合金）、铜基轴承合金和铝基轴承合金四种。

GB 1174—1992《铸造轴承合金》规定的牌号表示方法与铸造有色金属及其合金牌号表示方法相同。

常见的锡基、铅基轴承合金牌号、性能特点和用途见表 7.8。

表 7.8　　　　　　　　常见的锡基、铅基轴承合金牌号、性能特点和用途

牌号	熔化温度（℃）	力学性能（不小于）			主 要 特 征	用 途 举 例
		σ_b（MPa）	δ（%）	HBS		
ZSnSb12Pb10Cu4	185			29	软而韧，耐压，硬度较高，热强度较低，浇注性差	一般中速、中压发动机的主轴承，不适于高温
ZSnSb11Cu6	241	90	6.0	27	硬度适中，减摩性和抗磨性较好，膨胀系数比其他巴士合金都小，优良的导热性和耐蚀性，疲劳强度低，不易浇注很薄且振动载荷大的轴承	重载、高速、小于 100℃ 如 750kW 以上电机，890kW 以上快速行程柴油机，高速机床主轴的轴承和轴瓦
ZSnSb4Cu4	225	80	7.0	20	韧性为巴士合金中最高者，与 ZSnSb11Cu6 相比强度硬度较低	韧性高，浇注层较薄的重载荷高速轴承，如涡轮内燃机轴承

7.3　粉 末 冶 金 材 料

将金属粉末与金属或非金属（或纤维）混合，经过成型、烧结等过程制成的零件或材料，叫做粉末冶金材料。

7.3.1　粉末冶金工艺简介

现以铁基粉末冶金为例简述其工艺过程：

粉料制取→粉料混合→成形→烧结→后处理→成品

为获得必要的性能，在铁粉中加入石墨和合金元素，再加入压制成形的润滑剂（少量硬质酸锌和机油），并按一定比例配制成混合料；混合料在巨大压力下粉状颗粒间产生机械咬合作用，相互结合为具有一定强度的制品；但此时强度并不高，还必须进行高温下的烧结；烧结是在保护气氛下加热的，材料中至少有一种组元处于固相，在高温下吸附在粉末表面的气体被清除，增加了颗粒间的接触表面，所以使粉末颗粒结合得更紧密。在通过原子的扩散、变形，使粉末再结晶以及晶粒长大等过程，就得到了金相组织与钢铁类似的

铁基粉末冶金制品。

　　经烧结后的制品即可使用，但对精度要求高、表面光洁的制品可再进行精压加工，对要改善力学性能的制品，可进行淬火或表面淬火等热处理。对于轴承等制品，为达到润滑或耐蚀的目的，可进行浸油或浸渍其他液态润滑剂等处理。

7.3.2　粉末冶金的应用

　　粉末冶金用来制造各种衬套和轴套、齿轮、凸轮、含油轴承、摩擦片等。与一般零件生产方法相比，粉末冶金法具有少切削或无切削、材料利用率高、生产率高、减少机械加工设备、降低成本等特点。

　　用粉末冶金还可制造一些具有特殊成分或性能的制品。如硬质合金、难溶金属及其合金、金属陶瓷、无偏析高速钢、磁性材料、耐热材料等。

　　硬质合金是将一些难溶金属化合物粉末混合加压成形，再经烧结而成的一种粉末冶金产品。由于机械加工的切削速度不断提高，大量高硬度或高韧性材料的切削加工，使切削刀具的韧部工作温度已超过了 700℃，一般高速钢很难胜任，而需要材料热硬性更高的硬质合金，硬质合金种类很多，目前常用的有金属陶瓷硬质合金和钢结硬质合金。

7.4　典型零件选材

　　表 7.9 和表 7.10 是典型零件选材的例子。

表 7.9　　　　　　　　　　　　　　　汽车发动机零件用材

主要零件	材料牌号	使用性能要求	零件失效方式	热处理及其他
缸体、缸盖、飞轮、正时齿轮	HT200	刚度、强度、尺寸稳定	产生裂纹、孔臂磨损、翘曲变形	不处理或去应力退火
缸套、排气门座等	合金铸铁	耐磨、耐热	过量磨损	铸造状态
曲轴等	QT600－3 QT700－2	刚度、强度、耐磨、疲劳抗力	过量磨损、断裂	表面淬火、园角滚压、氮化
活塞销等	20、18CrMnTi 20Cr、12Cr2Ni4	刚度、耐磨、冲击	磨损、变形、断裂	渗碳、淬火、回火
连杆、连杆螺栓等	45、40Cr 40MnB	刚度、疲劳抗力、冲击韧性	过量变形、断裂	调质、探伤
各种轴承、轴瓦	轴承钢	耐磨、疲劳抗力	磨损、剥落、烧蚀破裂	不热处理（一般都是外购）
气门弹簧	65Mn、60Si2Mn 50CrVA	疲劳抗力	变形、断裂	淬火、中温回火
支架、盖、罩、挡板、油底壳等	Q195、08、20 Q345	刚度、强度	变形	不处理

表 7.10 机床主轴工作条件、用材及热处理

序号	工作条件	材料	热处理	硬度	原 因	实例
1	与滚动轴承配合 轻、中载，转速低 精度要求不高 稍有冲击，疲劳可忽略	45	正火或调质	220~250 HBS	热处理后具有一定的强度；硬度要求不高	一般简式机床
2	与滚动轴承配合 轻、中载荷，转速略高 精度要求不太高 冲击和疲劳可忽略	45	整体淬火或局部淬火	40~45 HRC	有足够的强度；轴颈及配件装拆处有一定硬度；不能承受冲击载荷	龙门铣床、摇臂钻床、组合机床等
3	与滑动轴承配合 有冲击载荷	45	轴颈表面淬火	52~58 HRC	毛坯经正火具有一定强度，轴经具有高硬度	C620 车床主轴
4	与滚动轴承配合 中载，转速较高 精度要求较高 冲击和疲劳较小	40Cr	整体淬火或局部淬火	42~52 HRC	有足够的强度；轴颈及配件装拆处有一定硬度；冲击小，硬度取高值	摇臂钻床、组合机床等
5	与滑动轴承配合 中载，转速较高 有较高冲击和疲劳载荷 精度要求较高	40Cr	轴颈及配件装拆处表面淬火	≥52HRC ≥50HRC	毛坯经预备热处理有一定强度；轴颈具有高耐磨性；配件装拆处有一定硬度	车床主轴、磨床砂轮主轴
6	与滑动轴承配合 中载，转速很高 精度要求很高	38CrMoAl	调质、氮化	250~280 HBS	有很高的心部强度；表面具有高硬度；有很高的疲劳强度；氮化处理变形小	高精度磨床及精密镗床主轴
7	与滑动轴承配合 中载，心部强度不高，转速高 精度要求不高 有冲击和疲劳	20Cr	渗碳、淬火	56~62 HRC	心部强度不高，但有较高韧性；表面硬度高	齿轮铣床主轴
8	与滑动轴承配合 重载，转速高 较大冲击和疲劳载荷	20CrMnTi	渗碳、淬火	56~62 HRC	有较高的心部强度和冲击韧性；表面硬度高	载荷较重的组合机床

复 习 思 考 题

1. 简答题

（1）碳素结构钢、优质碳素结构钢、碳素工具钢各有何性能特点？非合金钢的性能不足是什么？

（2）指出下列每个牌号钢的类别、含碳量、热处理工艺和主要用途：

T10   Q215   40Cr   20CrMnTi   GCr15   60Si2Mn   9SiCr   CrWMn

（3）为什么汽车变速齿轮常采用 20CrMnTi 制造，而机床上同样是变速齿轮却采用 45 钢或 40Cr 制造？

（4）试为下列机械零件或用品选择适用的钢种及牌号：

汽车钢板弹簧　汽车发动机曲轴　地脚螺栓　汽车变速齿轮　机床主轴　汽车发动机连杆　拖拉机轴承　手术刀　板牙　高精度塞规　大型冷冲模　仪表箱壳　机器底座　木工斧子　麻花钻头

（5）为什么一般机器的支架、机床床身常用灰铸铁制造？

（6）铝合金分为哪几类？

（7）铜合金分为哪几类？

（8）轴承合金必须具有哪些特性？其组织有何特点？常用轴承合金有哪些？

（9）高聚物的加聚反应和缩聚反应区别何在？

（10）塑料、橡胶的主要组成物各是什么？

（11）简述陶瓷材料的性能特点？

2. 判断题（正确的打√，错误的打×。）

（1）锰、硅在碳钢中都是有益元素，适当地增加其含量，能提高钢的强度。（　　）

（2）硫是钢中的有益元素，它能使钢的脆性下降。（　　）

（3）除 Fe、C 外还含有其他元素的钢就是合金钢。（　　）

（4）大部分合金钢的淬透性都比碳钢好。（　　）

（5）在相同强度条件下合金钢要比碳钢的回火温度高。（　　）

（6）在相同的回火温度下，合金钢比同样碳质量分数的碳素钢具有更高的硬度。（　　）

（7）合金钢只有经过热处理，才能显著提高其力学性能。（　　）

3. 选择题

（1）08F 钢中的平均碳质量分数为（　　）。

    A. 0.08%   B. 0.8%   C. 8%   D. 0.008%

（2）在下列牌号中属于优质碳素结构钢的有（　　）。

    A. T8A   B. 08F   C. Q235   D. T10

（3）在下列牌号中属于工具钢的有（　　）。

    A. 20   B. 65Mn   C. T10A   D. 45

（4）选择制造下列零件的材料：冷冲压件（　　）；齿轮（　　）；小弹簧（　　）。

    A. 08F   B. 45   C. 65Mn

（5）选择制造下列工具所采用的材料：錾子（　　）；锉刀（　　）；手工锯条（　　）。

    A. T8   B. T10   C. T12

（6）38CrMoAl 属于合金（　　）。

    A. 渗碳钢   B. 调质钢   C. 弹簧钢   D. 工具钢

（7）GCr15 钢中的平均碳质量分数为（　　）%。

    A. 15   B. 1.5   C. 0.15   D. 0.015

第 8 章 铸 造

8.1 铸 造 基 础

8.1.1 金属的充型

熔融金属填充铸型的过程，简称充型。熔融金属充满铸型型腔，获得形状完整，轮廓清晰的健全铸件的能力，称为金属的充型能力。

熔融金属通常是在纯液态情况下充满型腔的，有时也会边充型，边结晶，即在结晶状态下流动。在充型过程中，当熔融金属中形成的晶粒堵塞充型通道时，金属的流动停止，如果停止流动出现在型腔被充满之前，则造成铸件的浇不到或冷隔等缺陷。在熔融金属充满型腔之后，金属液的流动并没有完全停止，还要进行熔融金属的收缩和补偿，这个过程对防止缩孔、缩松，获得健全的铸件有重大影响。

影响金属充型能力的主要因素有金属的流动性、浇注条件和铸型填充条件等。

1. 金属的流动性

熔融金属的流动能力称为金属的流动性。一般流动性好的金属，其充型能力强。

金属的流动性好，充型能力强，容易获得形状完整、轮廓清晰的铸件，也有利于铸造成薄壁或形状复杂的铸件。金属的流动性好，金属液中的气体、非金属夹杂物也容易上浮和排除，容易对金属冷凝过程中的收缩进行补缩，有利于获得优质铸件；反之，金属的流动性不好，充型能力差，铸件易产生浇不到、冷隔、气孔、夹杂物和缩孔等缺陷。金属的流动性是金属重要铸造性能之一。

决定金属流动性的因素有以下几个：

（1）金属的种类。金属的流动性与合金的熔点、导热系数，金属液的黏度等物理性能有关。铸钢的熔点高，在铸型中散热快，凝固快，流动性差；铝合金导热性能好，流动性也较差。

（2）金属的成分。同种金属中，成分不同时，流动性不同。纯金属与共晶合金的结晶是在恒温下进行，以逐层凝固的方式从表面开始向中心凝固，凝固层的内表面比较平滑，未凝固的熔融金属流动阻力较小，合金的流动较好。此外，在相同浇注温度下，共晶合金的温度最低，熔融金属的过热度大，推迟了合金的凝固时间，因此共晶合金的流动性最好。

其他成分的合金，其结晶在一定温度范围内（液相与固相并存的两相区）进行，结晶为中间凝固方式，初生的枝晶使凝固层内表面参差不齐，增加了液体流动阻力，使合金的流动性变差，当合金的结晶温度范围很宽时，结晶按糊状凝固方式进行，合金的流动性很差。如铸钢的结晶间隔大，流动性就差。

（3）杂质与含气量。熔融金属中出现固态夹杂物，将使液体的黏度增加，合金的流动性下降，所以合金成分中凡能形成高熔点夹杂物的元素均降低合金的流动性。

2. 浇注温度与压力

实际生产中，金属的充型能力还受到浇注温度与压力，铸型结构与温度等许多工艺因素的影响。

熔融合金在流动方向上所受的压力愈大，充型能力愈好。砂型铸造时，充型压力是由直浇道的静压力产生的，适当提高直浇道的高度，可提高金属的充型能力。但过高的砂型浇注压力，铸件易产生砂眼、气孔等缺陷。

在低压铸造，压力铸造和离心铸造时，因人工加大了充型压力，充型能力较强。

3. 铸型性质及结构

熔融金属充型时，铸型的阻力、铸型对金属的冷却作用，都将影响金属的充型能力。

（1）铸型的蓄热能力。铸型的蓄热能力表示铸型从熔融金属中吸收并传出热量的能力。铸型材料的导热系数愈大，对熔融金属的冷却作用愈强，金属型腔中保持流动时间减少，金属的充型能力愈差。

（2）铸型温度。浇注前将铸型预热到一定温度，减少了铸型与熔融金属间的温差，减缓了合金的冷却速度，延长合金在铸型中流动时间，合金充型能力提高。

（3）铸型中的气体。铸型排气能力差，浇注时由于熔融金属在型腔中的热作用而产生的大量气体来不及排出，气体压力增大，阻碍熔融金属的充型。铸造时，应尽量减少气体的产生，另一方面，要增加铸型的透气性或开设气冒口、明冒口等，使型腔及型砂中的气体顺利排出。

（4）铸型结构。当铸件壁厚过小，结构复杂，或有大的水平面时，均会使金属充型困难。因此在铸件结构设计时，铸件形状应尽量简单，壁厚应大于规定的最小允许壁厚。对于形状复杂、薄壁、散热面大的铸件，应尽量选择流动性好的合金或采取其他相应措施。

8.1.2　铸造金属的收缩

金属从液态冷却到常温的过程中所发生的体积缩小现象称为收缩。收缩使铸件产生许多缺陷，如缩孔、缩松、热裂、应力、变形和冷裂等。

金属的收缩量是用体收缩率和线收缩率来表示的。当温度自 T_0 下降到 T_1 时，合金的体收缩率是以单位体积的变化量来表示；线收缩率是以单位长度的相对变化量来表示。

体收缩率

$$\varepsilon_r = \frac{V_0 - V_1}{V_0} \times 100\% = a_r(T_0 - T_1) \times 100\% \tag{8.1}$$

线收缩率

$$\varepsilon_1 = \frac{L_0 - L_1}{L_0} \times 100\% = a_1(T_0 - T_1) \times 100\% \tag{8.2}$$

式中 V_0、V_1——合金在 T_0、T_1 时的体积，cm^3；

　　　L_0、L_1——合金在 T_0、T_1 时的长度，cm；

　　　a_r、a_1——合金在 T_0、T_1 温度范围内的体收缩系数和线收缩系数，$1/℃$。

金属的收缩分为三个阶段，即液态收缩、凝固收缩和固态收缩阶段。

1. 液态收缩

液态收缩指金属从浇注温度 $T_{浇}$ 冷到液相温度 $T_{液}$ 的收缩。提高浇注温度，过热度（$T_{浇}-T_{液}$）越大，收缩系数越大，都使液态收缩率增加。

2. 凝固收缩

凝固收缩指金属在液相（$T_{液}$）和固相（$T_{固}$）之间的收缩。对于纯金属和共晶合金，凝固期间的体积只是由于状态的改变，而与温度无关；具有结晶温度范围的合金，凝固收缩由状态改变和温度下降两部分产生，结晶温度范围（$T_{液}-T_{固}$）越大，则凝固收缩越大。

液态收缩和凝固收缩使体积缩小，一般表现为型内液面下降，是铸件产生缩孔和缩松的基本原因。

3. 固态收缩

固态收缩指合金从固相冷却到室温时的收缩。固态收缩通常直接表现为铸件外形尺寸的减小，故一般用线收缩率来表示。线收缩率对铸件形状和尺寸精度影响很大，是铸造应力、变形和裂纹等缺陷产生的主要原因。

影响收缩率的因素有化学成分、浇注温度、铸件结构和铸型条件等。不同成分的铁碳合金收缩率也不同。碳素钢收缩大而灰铸铁收缩小。灰铸铁收缩小是由于其中大部分碳是以石墨状态存在的，石墨的比容大，在结晶过程中，析出石墨所产生的体积膨胀抵消了部分收缩所致，故含碳量越高，灰铸铁收缩越小。碳素钢的总体积收缩随含碳量的提高而增大。

铸件在凝固过程中，由于合金的液态收缩和固态收缩，致使铸件最后凝固出现孔洞，这种孔洞称为缩孔。缩孔又分为集中缩孔（简称缩孔）和分散缩孔（简称缩松）。缩孔与缩松不仅减小铸件受力的有效面积，而且在缩孔部位易产生应力集中，使铸件力学性能显著降低。缩松严重时会影响气密性。不同的合金其收缩率不同，见表 8.1。

表 8.1　　　　　　　　　　　铸 造 合 金 的 收 缩 率　　　　　　　　　　　　％

合　　金	体收缩率	线收缩率	合　　金	体收缩率	线收缩率
灰口铸铁	5～8	0.8～1	ZL202	6.0	1.2～1.3
碳钢	10～14	1.5～2	黄铜		1～1.3
ZL102	3～3.5	0.8～1.2			

4. 铸造的内应力、变形和裂纹

（1）内应力。铸件固态收缩受阻所引起的应力称为铸造内应力。它包括机械应力和热应力等。机械应力是铸件收缩受到铸型、型芯或浇冒口的阻碍而引起的应力，落砂后阻碍消除，应力便自行消失。

热应力是因铸件壁厚不均匀，结构复杂，使各部分冷却收缩不一致，又彼此制约而引起的应力。现以壁厚不同的 T 字梁铸件为例，分析热应力的形成，如图 8.1 所示。

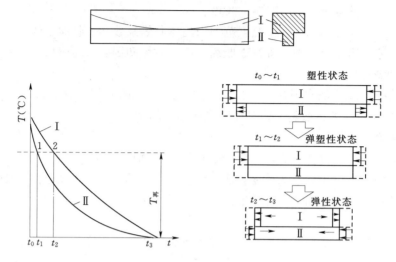

图 8.1　T 字梁铸件热应力分析

1）塑性状态阶段 $t_0 \sim t_1$ 时刻，铸件在再结晶温度 $T_{再}$ 以上，厚壁 I 和薄壁 II 均处于塑性状态。冷却时，壁 II 冷得快，收缩大于壁 I；但两壁是整体，只能缩到相同长度，即壁 II 被塑性拉伸，壁 I 被塑性压缩。只是由于两壁均是塑性变形，故铸件不产生应力。

2）弹塑性状态阶段 $t_1 \sim t_2$ 时刻，铸件继续冷却，薄壁 II 冷至 $T_{再}$ 以下，处于弹性状态；厚壁 I 仍处于塑性状态。此时，弹性壁 II 的变形比塑性壁 I 困难得多，故壁 II 收缩时，壁 I 将随其收缩，可以认为壁 II 的收缩不受阻碍，所以铸件仍不产生应力。

3）弹性状态阶段 $t_2 \sim t_3$ 时刻，薄壁 II 已冷至接近室温，厚壁 I 也冷至 $T_{再}$ 以下，两壁均处于弹性状态。但壁 I 比壁 II 的温度高，收缩大于壁 II，却受到整体铸件的牵制，因而壁 I 被弹性拉伸一些，产生拉应力，而壁 II 被弹性压缩产生压应力。

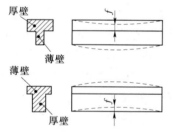

图 8.2　铸件的弯曲变形分析

可见，只有铸件的厚壁与薄壁都冷却到处于弹性状态的温度时，才会在铸件内产生热应力。厚壁受拉、薄壁受压。

（2）变形与裂纹。铸件变形主要是由热应力及其自身重力引起的。壁厚不匀、细长的铸件，容易产生变形。图 8.2 所示的铸件由于厚壁被弹性拉长、薄壁被弹性压短，但两壁均力图恢复原来状态，所以出现了如图中虚线所示的弯曲变形。

要防止铸件变形，除铸件结构设计应该合理外，如壁厚均匀，工艺上常采取同时凝固或利用反变形原理，以抵消或补偿铸件变形。应力超过材料的屈服应力将会产生裂纹。

8.2　造　型　方　法

铸型是根据所设计的零件形状用造型材料制成的，是铸造生产的关键。铸型可以用砂型，也可用金属型。铸造的生产方法也分为砂型铸造和特种铸造两大类。

砂型铸造是指用型砂紧实成型的铸造方法，主要用于铸铁、铸钢，是目前最基本的、应用最广泛的铸造方法。而特种铸造主要用于有色金属铸造。

砂型铸造虽然生产率较低、铸件质量较差，但其适应性广、生产准备简单、生产成本较低，所以目前仍是产量较大的铸件生产方法，也是生产特大铸件的唯一方法。几乎所有的铸铁件和大部分铸钢件是用砂型铸造的方法生产的。航空工业、汽车工业、农业机械行业和机械制造行业中的铸件使用砂型铸造的方法生产铸件是常见的。

砂型铸造生产工序很多，其中主要的工序为模型加工、配砂、造型、造芯、合箱、熔化、浇注、落砂、清理和检验。套筒铸件的生产过程如图 8.3 所示。

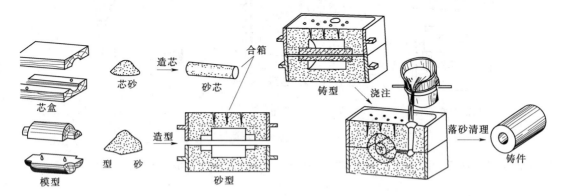

图 8.3　套筒铸件的生产过程

造型是砂型铸造的基本工序，根据完成造型工序方法不同，分为手工造型和机器造型两大类。

8.2.1　手工造型

全部用手工或手动工具完成的造型工序称为手工造型，目前在铸造生产中应用很广，它操作灵活，适应性强，工艺设备简单，生产准备时间短，成本低。但手工造型铸件质量较差，生产率低，劳动强度大，要求工人技术水平高。手工造型主要用于单件、小批量生产，特别是形状复杂或重型铸件的生产。

手工造型的方法很多，要根据铸件的形状、大小和生产批量的不同进行选择，常用的为下列六种造型方法。

1. 整模造型

整模造型的模型是一个整体，造型时模型全部放在一个砂箱内，分型面（上型和下型）的接触面是平面。这类零件的最大截面一般是在端部，而且是一个平面。整模造型的过程如图 8.4 所示，造型方法简便，适用于生产各种批量而形状简单的铸件。

2. 分模造型

分模造型的模型是分成两半的。造型时分别在上、下箱内，分型面也是平面。这类零件的最大截面不在端部，如果做成整模，在造型时就会取不出来。套筒的分模造型过程如图 8.5 所示，其分模面（分开模型的平面）也是分型面。分模造型操作简便，在生产各种

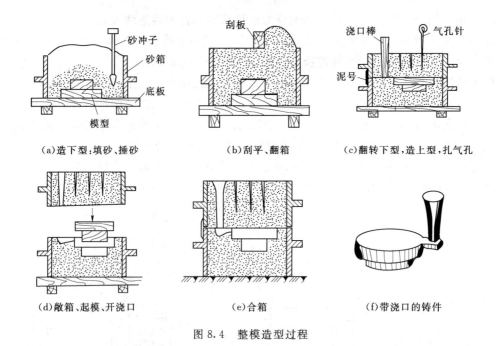

（a）造下型：填砂、捣砂　　　（b）刮平、翻箱　　　（c）翻转下型，造上型，扎气孔

（d）敞箱、起模、开浇口　　　（e）合箱　　　（f）带浇口的铸件

图 8.4　整模造型过程

批量的套筒、管子、阀体类，形状较复杂的铸件时，这种造型方法应用得最广泛。

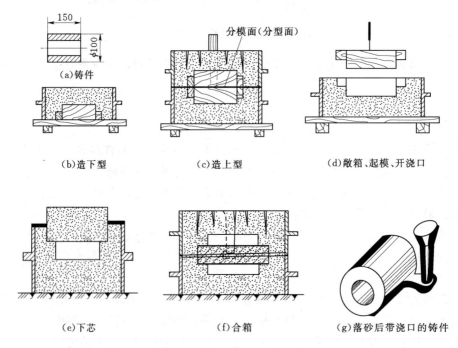

（a）铸件

（b）造下型　　　（c）造上型　　　（d）敞箱、起模、开浇口

（e）下芯　　　（f）合箱　　　（g）落砂后带浇口的铸件

图 8.5　套筒的分模造型过程

3. 挖砂造型和假箱造型

　　有些铸件如手轮等，最大的截面不在一端，模型又不允许分成两半（模型太薄或制造分模很费事），可以将模型做成整体，采用挖砂造型法。手轮的分型面是曲面，它的造型

过程如图 8.6 所示。

　　挖修分型面时应注意：一定要挖到模型的最大断面 $A—A$ 处 ［图 8.6（b）］，分型面应平整光滑，坡度应尽量的小，以免上箱的吊砂过陡；不阻碍取模的砂子不必挖掉。

　　挖砂造型操作技术要求较高，生产效率较低，只适用于单件生产。生产数量较多时，一般采用假箱造型（图 8.7）。先制出一个假箱代替底板，再在假箱上造下型。用假箱造型时不必挖砂就可以使模型露出最大的截面。假箱只用于造型，不参与浇注，所以叫做假箱。假箱的做法有多种，图 8.7（a）所示为将一个不带浇口的上箱做假箱，分型面是曲面。图 8.8（a）所示假箱是一平砂型，将模型卧进分型面，直到露出最大的截面止，分型面是平面。假箱一般是用强度较高的型砂捣制成的，要求能多次使用，分型面应光滑平整、位置准确。当生产数量更大时，可用木制的成型地板代替假箱。

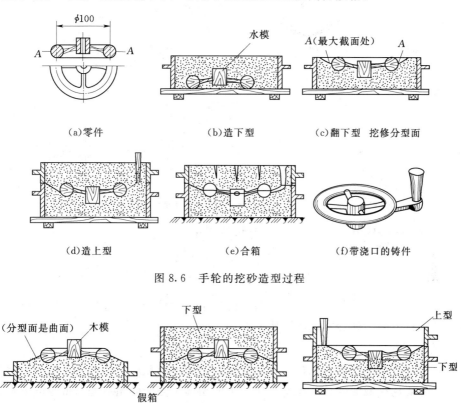

（a）零件　　　　　（b）造下型　　　　（c）翻下型 挖修分型面

（d）造上型　　　　（e）合箱　　　　（f）带浇口的铸件

图 8.6　手轮的挖砂造型过程

（a）模型放在假箱上　　　（b）造下型　　　（c）翻转下型，待造上型

图 8.7　假箱造型

　　假箱造型免去挖砂操作，提高了造型效率与质量，适用小件、成批生产。

　　4. 活块造型

　　图 8.9 所示模型上的小凸台在取模时，不能和模型主体同时取出，凸台就要做成活动的，称为活块。起模时，先取出模型主体，再单独取出活块，在用钉子连接的活块模造型中应注意活块四周的型砂塞紧后，要拔出钉子，否则模型取不出；捣砂时不要使活块移动；钉子不要过早拔出，免活块错位。

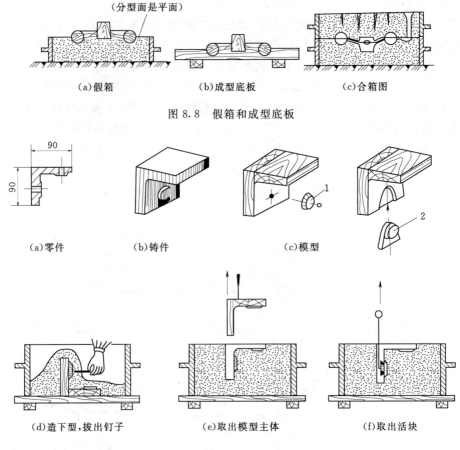

（分型面是平面）

（a）假箱　　　　　　（b）成型底板　　　　　　（c）合箱图

图 8.8　假箱和成型底板

90
90

（a）零件　　　　　　（b）铸件　　　　　　（c）模型

1
2

（d）造下型，拔出钉子　　　　（e）取出模型主体　　　　（f）取出活块

图 8.9　活块造型
1—用钉子连接的活块；2—用燕尾榫连接的活块

　　活块造型要求工人操作技术水平较高，而且生产率较低，仅适用于单件小批生产。若产量较大时，也可采用外砂芯做出活块的方法。

　　5. 三箱造型

　　有些形状较复杂的铸件，往往具有两头截面大而中间截面小的特点，用一个分型面取不出模型。需要从小截面处分开模型，用两个分型面、三个砂箱造型。带轮的三箱造型过程如图 8.10 所示。

　　从图 8.10 中可以看出，三箱造型的特点是中箱的上、下两面都是分型面，都要求光滑平整；中箱的高度应与中箱中的模型高度相近；必须采用分模。

　　三箱造型方法较复杂，生产效率较低，不能用于机器造型（无法造中箱），只适用于单件小批生产。在成批大量生产或用机器造型时，可以采用外砂芯，将三箱造型改为两箱造型，如 8.11 图所示。

　　6. 刮板造型

　　有些尺寸大于 500mm 的旋转体铸件，如带轮、飞轮、大齿轮等，由于生产数量很少，为节省模型材料及费用，缩短加工时间，可以采用刮板造型。刮板是一块和铸件断面

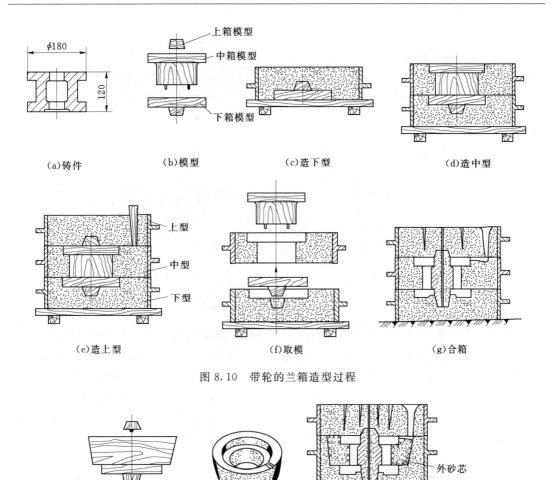

图 8.10   带轮的兰箱造型过程

（a）模型   （b）外砂芯   （c）合箱图

图 8.11   用外砂芯法将三箱造型改为两箱造型

形状相适应的木板。造型时将刮板绕着固定的中心轴旋转，在砂型中刮制出所需要的型腔。大带轮的刮板造型过程如图 8.12 所示。

刮板装好后，应当用水平仪校正，以保证刮板轴与分型面垂直。上、下型刮制好后，在分型面上分别做出通过轴心的两条互相垂直的直线，将直线引至箱边做上记号，作为合箱的定位线。

刮板造型可以在砂箱内进行，下型也可利用地面进行刮制。在地面上做下型，可以省掉下砂箱和降低砂型的高度以便于浇注。这种方法称为地面造型（或地坑造型）。其他的大型铸件在单件生产时，也可用地面造型的方法。

8.2.2   机器造型

用机器全部完成或至少完成紧砂操作的造型工序称机器造型。机器造型可大大地提高劳动生产率，改善劳动条件，对环境污染小。机器造型铸件的尺寸精度和表面质量高，加

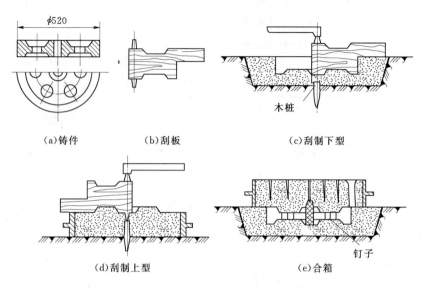

(a)铸件　　　(b)刮板　　　　　(c)刮制下型

(d)刮制上型　　　　　　　(e)合箱

图 8.12　带轮的刮板造型过程

工余量小，生产批量大时成本较低。因此，机器造型是现代化铸造生产的基本形式。

机器造型一般都需要专用设备、工艺装备及厂房等，投资大，生产准备时间长，并且还需要其他工序（如配砂、运输、浇注、落砂等）到全面实现机械化的配套才能发挥其作用。机器造型只适用于成批和大批量生产，只能采用两箱造型，或类似于两箱造型的其他方法，如射砂无箱造型等。机器造型应尽量避免活块、挖砂造型等。在设计大批量生产铸件和制定铸造工艺方案时，必须注意机器造型的这些工艺要求。

8.2.3　造型生产线

造型生产线是根据铸造工艺流程，将造型机、翻转机、下芯机、合型机，压铁机、落砂机等，用铸型输送机或辊道等运输设备联系起来，并采用一定控制方法所组成的机械化、自动化造型生产体系。

1. 机器造型的工艺特点

机器造型是使造型过程中的紧实型砂和起模两个基本操作，全部或部分实现机械化，如图 8.13 所示。

紧实型砂的方法很多，最常用的仍是振压式造型机的紧砂方式，如图 8.13（a）所示。砂箱放在带有模样的型板上，填满型砂后靠压缩空气的动力，使砂箱与型板一起振动而紧砂，再用压头压实型砂即可。

起模的方法也很多，图 8.13（b）所示为顶箱起模法，靠油压缸的起模活塞上行时将砂箱四周的顶杆升起，使砂箱脱离型板而起模。

2. 铸造生产流水线

在机械化铸造车间里，将造型、浇注、落砂等铸造生产过程，组成流水作业生产线，图 8.14 所示为自动造型生产线的示意图。

浇注冷却后的上箱在工位 1 被专用机械卸下并被送到工位 13 落砂，带有型砂和铸件

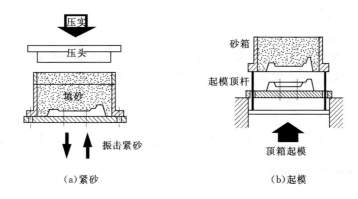

图 8.13 振压式造型机的紧砂和起砂

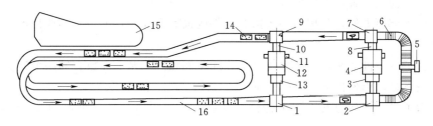

图 8.14 自动造型生产线示意图

的下箱靠输送带 16 从工位 1 移至工位 2，并由此进入落砂机 3 中落砂，落砂后的铸件跌落到专用输送带至清理工段，型砂由另一输送带送往砂处理工段。落砂后的下箱被送往自动造型机 4 处，上箱则被送往造型机 12，模板更换靠小车 11 完成。

在自动造型机制作好的下型用翻转机 8 翻转 180°，并于工位 7 处被放置到输送带 16 的平车 6 上，被运至合型机 9，平车 6 预先用特制刷 5 清理干净。在自动造型机 12 上制作好的上型顺辊道 10 运至合型机 9，与下型装配在一起。合型后的铸型 14 沿输送带移至浇注工段 15 进行浇注，浇注后的铸型沿交叉的双水平环形线冷却后重新送回工位 1，2 下芯的操作是铸型从工位 7 移至工位 9 的过程中完成的。

造型生产线由于劳动组织合理，极大地提高了生产率。但是造型生产线一般不能进行干砂型铸造，也不能生产厚壁和大型铸件，在各种造型机上，都只能用模板进行两箱造型，因此铸件外形受到一定限制。

8.3 铸 造 工 艺 分 析

8.3.1 浇注位置的选择原则

浇注位置是指浇注时铸件在铸型中所处的空间位置。浇注位置选择得正确与否对铸件质量影响很大。选择时应考虑以下原则：

（1）一般情况下，铸件浇注位置的上面比下面铸造缺陷多，所以应将铸件的重要加工面或主要受力面等要求较高的部位放到下面；若有困难则可放到侧面或斜面。如机床床身，其导轨面放到最下面。

（2）浇注位置的选择应有利于铸件的充填和型腔中气体的排出，所以，薄壁铸件应将薄而大的平面，放到下面或侧立、倾斜，以防止出现浇不足或冷隔等缺陷。

（3）当铸件壁厚不匀，需要补缩时，应从顺序凝固的原则出发，将厚大部分放在上面或侧面，以便安放冒口和冷铁。

（4）尽可能避免使用吊砂，吊砂或悬壁式砂芯。吊砂在合型、浇注时，容易造成塌箱；吊芯操作很不方便；悬壁或砂芯不稳定，在金属液浮力作用下易发生偏斜。

8.3.2　分型面的确定原则

分型面是指两个半铸型相互接触的表面。分型面的选择与浇注位置的选择密切相关，一般是先确定浇注位置，再选择分型面。

（1）为了起模方便，分型面一般选在铸件的最大截面上，但注意不要使模样在一个砂型内过高。

（2）为了将铸件的重要加工面或大部分加工面和加工基准面放在同一个砂型中，而且尽可能放在下型，以便保证铸件的精确。

（3）为了简化操作过程，保证铸件尺寸精度，应尽量减少分型面的数目，减少活块数目。

（4）分型面应尽量采用平直面，这样使操作方便。

（5）应尽量减少砂芯数目，图 8.15 所示为一接头，若按图 8.15（a）所示对称分型，则必须制作砂芯；若按图 8.15（b）分型，内孔可以用堆吊砂（简称自带砂芯）。

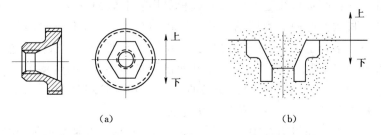

（a）　　　　　　　　　　　　　　　（b）

图 8.15　接头分型面的选择

8.3.3　型芯

型芯主要用于形成铸件的内腔和尺寸较大的孔。最常用的造芯方法是用芯盒造芯，如图 8.16 所示。

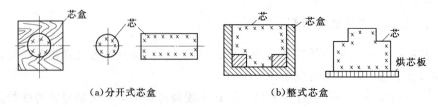

（a）分开式芯盒　　　　　　　　　　（b）整式芯盒

图 8.16　芯盒造芯

短而粗的圆柱形型芯宜采用分开式芯盒制作，如图 8.16（a）所示。形状简单且有一个较大平面的型芯宜采用整体或芯盒制作，如图 8.16（b）所示。无论哪种制芯方法，都要在型芯中放置芯骨，并将芯烘干，以增加型芯的强度。通常还在芯中扎出通气孔或埋入蜡线形成通气孔。在大批量生产中，采用机器制芯。

8.3.4 主要工艺参数的确定

铸造工艺参数通常是指铸型工艺设计时需要确定的某些工艺数据，这些工艺参数一般都与模样及芯盒尺寸有关，即与铸件的精度有关，同时也与造型、造芯、下芯及合型的工艺过程有联系。工艺参数选择的正确合适，不仅使铸件的尺寸，形状精确，而且造型、造芯、下芯、合型都大为方便，提高生产率，降低成本。主要工艺参数有铸造收缩率、机械加工余量、拔模斜度、最小铸出孔、型芯头。

1. 铸造收缩率

由于合金的线收缩，铸件冷却后的尺寸将比型腔尺寸略为减小，为保证铸件的应有尺寸，模样尺寸必须比铸件放大一个该合金的收缩量。

在铸件冷却过程中，其线收缩率除受到铸型和型芯的机械阻碍，还受到铸件各部分之间的相互制约。因此，铸造收缩率除与合金的种类和成分有关外，还与铸件结构、大小、壁厚薄，砂型和砂芯的退让性，浇冒口系统的类型和开设位置，砂箱的结构等有关。

2. 机械加工余量

机械加工余量是为了保证铸件加工面尺寸和零件精度，在铸件工艺设计时，预先增加的而在机械加工时切去的金属厚度。加工余量的代号用字母 MA 表示。加工余量等级由精到粗共分为 A，B，C，D，E，F，G，H 和 J 九个等级。详见 GB/T 11350—1989《铸件机械加工余量》。

铸件尺寸公差是指对铸件尺寸规定的允许变动量，其代号用字母 CT 表示，分为 1，2，3，…，16，共 16 个等级。铸件尺寸公差等级和加工余量等级，通常依据实际生产条件和有关资料确定，当铸件尺寸公差等级和加工余量等级确定后，就可以按 GB/T 11350—1989 所提供数据表查出铸件的机械加工余量。

单件小批生产时，铸件的尺寸公差等级与造型材料及铸件材料有关。采用干、湿型砂型铸造方法铸出的灰铸铁件的尺寸公差等级为 CT13～CT11。大批量生产时，铸件的尺寸公差等级与铸造工艺方法及铸件材料有关。采用砂型手工造型方法铸出的灰铸铁件的尺寸公差等级为 CT13～CT11。

铸件的加工余量等级与铸件的尺寸公差等级应配套使用。单件小批生产时，采用干、湿型砂型铸造铸出的灰铸铁件 CT 与 MA 的配套关系是 CT13～CT15/H，大批量生产时，采用砂型手工造型方法铸出的灰铸铁件 CT 与 MA 的配套关系是 CT11～CT13/H。

3. 拔模斜度

为了方便起模，在模样、芯盒的出模方向留有一定的斜度，以免损坏砂芯，这个在铸造工艺设计时所规定的斜度，称为拔模斜度。拔模斜度的大小应根据模样的高度，模样的尺寸和表面粗糙度以及造型方法来确定，通常为 $15'$～$3°$。壁越高，拔模斜度越小，外壁拔模斜度小于内壁拔模斜度，机械造型应比手工造型的斜度小。拔模斜度在工艺图上用角

度 $\alpha°$ 或宽度表示。详见 JB/T 5105—1991《铸件模样　起模斜度》。

4. 最小铸出孔

机械零件上的孔，在铸造时应尽可能铸出。但当铸件上的孔尺寸太小，而铸件壁又较厚和金属液压力较高时，反而会使铸件产生粘砂，为了铸出，必须采用复杂而且难度较大的工艺措施，而实现这些措施还不如机械加工的方法制出更为方便和经济。有时由于孔距要求很精确，铸孔也很难保证质量。因此在确定零件上的孔是否铸出时，必须考虑铸出这些孔的可能性和必要性、经济性。

最小铸出孔和铸件的生产批量、合金种类、铸件大小，孔的长度及孔的直径等有关。

5. 型芯头

芯头是指伸出铸件以外，不与金属液接触的砂芯部分，其功能是定位、支撑和排气。为了承受砂芯本身重力及浇注时液体金属对砂芯浮力，芯头的尺寸应足够大才不会导致破坏；浇注后，砂芯所产生的气体，应能通过芯头排至铸型以外。在设计芯头时，除了要满足上面的要求外，还应做到下芯、合型方便，应留有适当斜度，芯头与芯座之间要留有间隙。

8.3.5　铸造工艺图的确定

铸造工艺图是指表示铸型分型面、浇注位置、型芯结构、浇冒口系统、控制凝固措施等的图纸，是指导铸造生产的主要技术文件。

8.3.6　绘制铸件图

铸件图是指反映铸件实际形状，尺寸和技术要求的图样，是铸造生产、铸件检验与验收的主要依据。铸件图可根据铸造工艺图绘出。

8.4　特　种　铸　造

特种铸造是指与砂型铸造方法不同的其他铸造方法。这里只介绍金属型铸造、压力铸造、熔模铸造、离心铸造和低压铸造。

8.4.1　金属型铸造

金属型铸造是指用重力将熔融金属浇注入金属型获得铸件的方法。金属型是指金属材料制成的铸型。

1. 金属型铸造过程

根据分型面的不同，金属型分为垂直式、水平分型式、复合分型式等，其中，垂直分型式的金属型易于设内浇道和取出铸件，且易于实现机械化，故应用较多，如图 8.17 所示。垂直分型式金属型由固定半型和活动半型两个半型组成，分型面位于垂直位置，浇注时两个半型合紧，凝固后利用简单的机构使两半型分开，取出铸件。

2. 金属型铸造的特点及应用

金属型铸造实现了"一型多铸"，克服了砂型铸造"一型一铸"造型工作量大，占地

面积大、生产率低等缺点。金属型灰铸铁件的
精度可以达到 CT9～CT7 级，而砂型手工造型
只能达到 CT13～CT11 级。金属型导热快，过
冷度大，结晶后铸件组织细密，力学性能比砂
型铸造提高 10％～20％。但是，熔融金属在金
属型中的流动性差，容易产生浇不到，冷隔等
缺陷。灰铸铁件还容易产生白口铁组织。

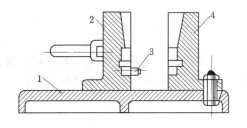

图 8.17 垂直分型式金属型

1—底座；2—活动半型；3—定位销；4—固定半型

金属型铸造主要用于大批量生产中铸造有
色金属件，如铝合金活塞，铝合金气缸体、铜合金轴瓦等。一般不用于铸造形状复杂的
铸件。

8.4.2 压力铸造

压力铸造是指将熔融金属在高压下高速充型，并在压力下凝固的铸造方法。

1. 压力铸造过程

必须在压铸机上进行的，它所用的铸型称为压型。压铸机一般分为热压式压铸机和
冷压式压铸机两大类。冷压式压铸机按其压室结构和布置方式分为卧式压铸机和立式压
铸机两种，目前应用最多的是冷压式卧式压铸机。压力铸造使用的压铸型由定型、动型及
金属芯组成。压力铸造过程是在压铸机上完成的，如图 8.18 所示，包括合型、压铸、开
型等。

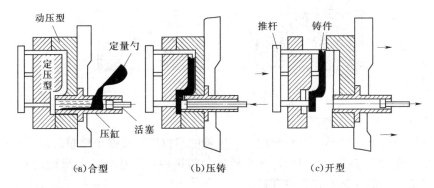

图 8.18 压力铸造

2. 压力铸造的特点及应用

压力铸造在金属型铸造的基础上，又增加了在压力下快速充型的特点。从根本上解决
了金属的流动性问题，可以直接铸出各种孔，螺纹、齿形等。压铸铜合金铸件的尺寸公差
等级达到 CT8～CT6 级，而砂型手工造型只能达到 CT13～CT11 级。但由于金属液的充
型速度高，压铸型内的气体很难排除，常常在铸件的表皮之下形成许多皮下小孔。这些小
气孔加热时会因气体膨胀使铸件表面凸起或变形。因此，压铸件不能进行热处理。

压力铸造主要应用于铝、镁、锌、铜等有色金属材料。目前，压铸已在汽车、拖拉
机、仪表、兵器行业得到了广泛应用。

8.4.3　熔模铸造

熔模铸造指用易熔材料（如蜡料）制成模样，在模样上包覆若干层耐火材料，制成型壳，模样熔化流出后经高温焙烧即可浇注的造型方法。故这种方法也称失蜡铸造。它是发展较快的一种精密铸造方法。

1. 熔模铸造过程

如图 8.19 所示，包括两次造型、两次浇注。第一次造型是根据母模造压铸型，第一次浇注是用压力铸造的方法铸出蜡模，第二次造型利用蜡模黏结耐火涂料造壳型，第二次浇注是向壳型中浇注熔融金属，结晶成较为精密的铸件。

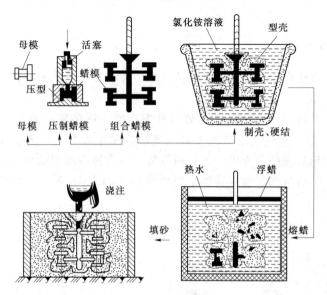

图 8.19　熔模铸造

2. 熔模铸造的特点及应用

熔模铸造使用的压型要经过精细加工。压铸的蜡模要经过逐个修整。使用壳型铸造无起模、分型、合型、等操作。因此，熔模铸造的铸钢件，尺寸公差等级可达 CT7～CT5，而砂型手工造型只能达到 CT13～CT11。

熔模铸造的壳型是由耐高温的石英粉等耐火材料制成。因此，各种合金材料都可以使用这种方法生产铸件。缺点是材料昂贵、工序多、生产周期长，不宜生产大件等。

熔模铸造广泛应用于电器仪表、刀具、航空等制造部门，如汽车、拖拉机上的小型零件的加工等等，已成为少切削加工或无切削加工中最重要的加工方法。

8.4.4　离心铸造

离心铸造是指将熔融的金属浇入绕着水平倾斜或立轴旋转的铸型，在离心力的作用下凝固成形的铸造方法。其铸件轴线与旋转铸型轴线重合。这类铸件多是简单的圆筒形，铸造时不用芯就可形成圆筒内孔。

1. 离心铸造过程

离心铸造必须在离心铸机上进行。根据铸型旋转轴空间位置不同，可分为立式和卧式两大类。铸型绕垂直轴线旋转时，浇注铸型中的熔融金属自由表面呈抛物线形状，定向凝固成中空铸件；铸型绕水平轴线旋转时，浇注铸型。铸型中的熔融金属自由表面呈圆柱形，无论在长度或圆周方向均可获得均匀的壁厚，定向凝固成中空铸件。生产过程如图8.20 所示。

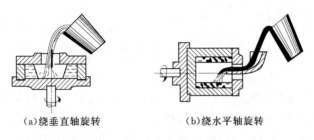

(a)绕垂直轴旋转　　　　　　　(b)绕水平轴旋转

图 8.20　离心铸造

2. 离心造型机的特点及应用

离心铸造在离心力的作用下充型并结晶。铸件内部组织致密，不易产生缩孔、气孔夹杂物等缺陷。但铸件内表面尺寸不准确，质量也较差。

离心铸造主要用于铸造钢、铸铁、有色金属等材料的各种管状铸件。

8.4.5　低压铸造

低压铸造是用较低压力（一般为 $0.02 \sim 0.06 \mu Pa$）将金属液由铸型底部注入型腔，并在压力下凝固，以获得铸件的方法。与压力铸造相比，所用压力较低，故称为低压铸造。

1. 低压铸造过程

如图 8.21 所示，在密封的坩埚 3 中通于干燥的压缩空气，金属液 2 在气体压力的作用下沿升液管 4 上升，通过浇口 5 平稳地进入型腔 8 中，并保持坩埚内液面上的气体压力，一直到铸件完全凝固为止。然后解除液面上的气体压力，使升液管中未凝固的金属液流回坩埚中，再由气缸 12 开型，将铸件推出。

可见，金属液在压力推动下进入型腔，并在外

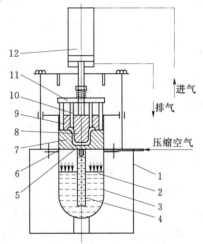

图 8.21　低压铸造

1—保温炉；2—液体金属；3—坩埚；4—升液管；5—浇口；6—密封盖；7—下型；8—型腔；9—上型；10—顶杆；11—顶杆板；12—气缸

力作用下结晶，进行补缩，其充型过程既与重力铸造有区别，也与高压高速充型的压力铸造有区别。

2. 低压铸造的特点和应用

底注充型，平稳且易于控制，减少了金属液注入型腔时的冲击、飞溅现象，铸件的气

孔、夹渣等缺陷较少；金属液的上升速度和结晶压力可调整，适用于各种铸型（如砂型、金属型等）、各种合金铸件。

低压铸造铸件的组织致密，机械性能高。可以铸出靠重力冲型难以成型的铸件，尤其是薄壁耐压的铸件，如铝合金气缸盖等。目前主要用来生产要求高的铝合金铸件。由于省了补缩冒口，使金属利用率提高到 90%～98%；与重力铸造相比，铸件的组织致密、轮廓清晰，力学性能高。此外劳动条件有所改善，易于实现机械化和自动化。但生产效率不高，只适用与小批量生产。

8.5　铸造技术发展趋势简介

近年来，电子计算机在铸造生产中也得到广泛的应用。利用计算机可对各种铸造过程进行数值模拟，如凝固过程的温度场数值模拟，铸型充填过程的速度场数值模拟，金属液固相转变过程中的热应力场数值模拟以及固相转变后组织形态力学性能数值模拟等。通过这些单一和复合过程的数值模拟，可在铸件生产之前对其铸造工艺方案及其凝固过程进行计算机试浇和质量预计，利用各种数据判断各种铸造缺陷（如缩孔、缩松、气孔、夹渣、裂纹等）能否产生及其产生的部位，从而调整工艺方案。这使新产品试制减少大量的人力，物力和时间，特别是对大型铸件的单件生产能确保一次成功，带来可观的经济效益。

同时，先进的造型、制芯、落砂、清理工艺和设备发展较快。铸造成型工艺方面，可按产品为对象，大致分为以下三种类型：

（1）大批量生产的中小型铸件，应推广预紧实的高压、静压、射压或气冲造型高效流水线湿型砂造型，减少、淘汰振压式造型；推广树脂砂高效制芯（热、温和冷芯盒，壳芯等），减少油砂或黏土砂制芯的比例。湿型铸造中推广煤粉代用材料。

（2）单件、小批量生产的中、大型铸件，继续推广各种类型的树脂自硬砂（呋喃、Pepset 法、碱性酚醛树脂砂等），在中、大型铸钢件生产中，也可推广采用酯硬化水玻璃砂，代替和淘汰黏土砂干型。

（3）特定铸件应推广各种特种铸造，如离心铸管、轻合金压铸、低压铸造、硅溶胶熔模铸造或硅溶胶—水玻璃复合制壳工艺、型材连铸、铁型覆砂、V 法、消失模铸造等。

此外，还应开发和推广能提高铸件精度和表面质量的专用涂料系列和涂敷技术，如非占位涂料、流涂涂料、能控制冷却速度的涂料等。关于铸件清理，继续推广强力抛、喷丸等高效机械化清砂，淘汰水力清砂、水爆清。

我国铸造业的现状是产量大，年产铸件约 1200 万 t，厂点多，达 2 万多个，铸造业的从业人员 120 多万人。我国铸造行业的一大特色是改革开放以来乡镇企业迅猛发展，成为我国铸造行业的一支重要力量。乡镇铸造厂点数已超过国有铸造厂点，乡镇铸造厂点的铸件产量约占全国铸件总产量的一半。目前，我国生产的最大碳钢件达 300t，最大的铝铸件 2t 以上，这说明我国的铸造水平在部分方面已跨入世界先进行列。当前世界上工业发达国家铸造技术的发展归纳起来大致有四个目标：①保护环境，减少以至消除污染；②提高铸件质量和可靠性，生产优质近终形铸件；③降低生产成本；④缩短交货期。

复 习 思 考 题

1. 什么是金属的流动性？影响流动性的因素主要有哪些？

2. 金属收缩分为哪三个阶段？简述影响收缩的主要因素。

3. 为什么说灰口铸铁收缩比碳钢小？

4. 说明铸件产生缩孔、缩松的影响因素及防止方法。

5. 简述浇注位置的确定原则。

6. 简述分型面的确定原则。

7. 铸造工艺参数主要包括哪些内容？

8. 芯头的作用是什么？

9. 为什么手工造型仍是目前主要造型方法？机器造型有哪些优越性？适用条件是什么？

10. 什么是造型生产线？大量生产时用造型生产线有哪些优越性？适用条件是什么？

11. 什么是熔模铸造？简述其工艺过程及应用范围。

12. 什么是金属型铸造？简述其工艺特点和应用范围。

13. 简述压力铸造，低压铸造和离心铸造的工艺特点及其应用范围。

第9章 锻 压

9.1 金属的塑性变形及其可锻性

压力加工包括锻压、冲压、轧制、拉拔、挤压等。其中锻造和冲压统称为锻压,主要用于生产毛坯或机械零件;轧制、拉拔、挤压等主要用于生产型材、板材和线材等。

各类钢和有色金属大都具有一定的塑性,均可在冷态或者热态下进行变形加工。在压力加工中,锻造是生产毛坯或机械零件的主要方法。

锻压是指对坯料施加外力,使其产生塑性变形,改变尺寸、形状及改善性能,用以制造机械零件或毛坯的成形加工方法,是锻造和冲压的总称。

工业上使用的各种金属型材,是用轧制、拉拔和挤压等方法制成,其中的一部分作为自由锻、模锻、板料冲压以及轧制、拉拔、挤压的坯料,被加工成毛坯或零件,通常称为锻压件。

与铸件比较,锻压件最主要优点是组织致密、机械性能高。一般锻压都有很高的生产率。然而,它难以像铸造那样制出形状(尤其内腔)复杂的坯件。

9.1.1 金属的塑性变形

变形是指在外力作用下引起固体的形状和尺寸的改变。金属在外力作用下,其变形有弹性变形和塑性变形两个阶段。

塑性变形阶段是外力增大到使金属内部产生的应力超过该金属的屈服点,并使其内部原子排列的相对位置发生不可逆变化,而导致金属变形的阶段。当外力停止去除后,塑性变形不会消失。

1. 单晶体的塑性变形

单晶体塑性变形的基本方式是"滑移与孪生",滑移是金属中最主要塑性变形方式。

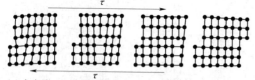

(a)未变形 (b)位错运动(1) (c)位错运动(2) (d)塑性度

图 9.1 位错运动塑性变形示意图

(1)滑移。晶体的滑移是晶体一部分相对于另一部分沿一定晶面和一定晶向(原子密度最大的晶面和晶向)发生相对移动。由于晶体内部存在缺陷(点、线和面缺陷),使晶体内部各原子处于不稳定状态,高位能的原子很容易地从一个相对平衡的位置移动到另一个位置上,位错是晶体中的线缺陷,实际晶体结构的滑移就是通过位错运动来实现的。晶体内位错运动到晶体表面即使整个晶体产生塑性变形。图 9.1 所示为位错运动引起塑性变形示意图。

(2)孪生。孪生是晶体在外力作用下,晶格的一部分相对另一部分沿孪晶面为界面发生相对转动的结果，转动后以孪晶面为界面，形成镜像对称，如图 9.2 所示。孪生一般发生在晶格中滑移面少的某些金属中，或突然加载的情况下，孪生变形量很小。

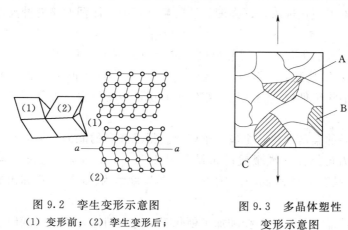

图 9.2　孪生变形示意图
（1）变形前；（2）孪生变形后；
a—a—孪生面

图 9.3　多晶体塑性
变形示意图

2. 多晶体的塑性变形

实际使用的金属材料是由许多晶格位向不同的晶粒构成，称为多晶体材料。多晶体塑性变形由于晶界的存在和各晶粒晶格位向的不同，使其塑性变形过程比单晶体的塑性变形复杂得多。图 9.3 所示为多晶体塑性变形示意图。在外力作用下，多晶粒的塑性变形首先在方向有利于滑移的晶粒内开始（如图 9.3 中 B、C 晶粒）。

由于多晶体中各晶粒的晶格位向不同，滑移方向不一致，各晶粒间势必相互牵制阻挠。为了协调相邻晶粒之间的变形，使滑移得以进行，多晶体内便会出现晶粒间彼此相对移动和转动。因此，多晶体的塑性变形，除晶粒内部的滑移和转动外，晶粒与晶粒之间也存在滑移和转动。

9.1.2　加工硬化与再结晶

1. 加工硬化

金属发生塑性变形后，强度和硬度升高的现象称为加工硬化或者冷作硬化。加工硬化是由于晶格内部晶格畸变的原因而引起的。金属在塑性变形过程中，滑移面附近晶格处于强烈的歪曲状态，产生了较大的应力，滑移面上产生了很多晶格位向混乱的微小碎晶块，增加了继续产生滑移的阻力。

加工硬化对于那些不能用热处理强化的金属和合金具有重要的意义。如纯金属、奥氏体不锈钢、形变铝合金等都可用冷轧、冷冲压等加工方法来提高其强度和硬度。但是，加工硬化会给金属和合金进一步变形加工带来一定的困难，所以常常在变形工序之间安排中间退火，以消除加工硬化，恢复金属和合金的塑性。

2. 回复

金属加工硬化后，畸变的晶格中处于高位能的原子具有恢复到稳定平衡位置的倾向。由于在较低温度下原子的扩散能力小，这种不稳定状态能保持较长时间而不发生明显变化。当将其加热到一定温度时，原子运动加剧，有利于原子恢复到平衡位置。

　　将金属加热到一定温度，原子获得一定的扩散能力，晶格畸变程度减轻，内应力下降，部分地消除加工硬化现象，即强度、硬度略有下降，而塑性略有升高，这一过程称为回复。

　　使金属得到回复的温度称为回复温度。纯金属的回复温度 $T_{回} = (0.25 \sim 0.3) T_{熔}$，$T_{回}$ 和 $T_{熔}$ 分别表示回复温度和熔点，单位为开（K）。实际生产中的低温去应力退火就是利用回复现象，消除工件内应力，稳定组织，并保留冷变形强化性能。

　　3. 再结晶

　　对塑性变形后的金属加热，金属原子就会获得足够高的能力，从而消除了加工硬化现象，这一过程称为再结晶。纯金属的再结晶温度 $T_{再} \approx 0.4 T_{熔}$。纯铁的再结晶温度约为 450℃；铜的再结晶温度约为 200℃；铝的再结晶温度约为 100℃；铅和锡的再结晶温度低于室温。

　　由于金属再结晶后的晶格畸变和加工硬化现象完全消除，所以强度硬度显著下降，塑性、韧性明显上升，金属又恢复到变形前的性能。钢和其他一些金属在常温下进行压力加工时，常常安排再结晶退火工序，以消除加工硬化现象。再结晶退火温度通常比再结晶温度高 100 ~ 200℃，即 $T_{再退} = T_{再} + (100 \sim 200)$℃。

　　金属材料的塑性变形通常以再结晶温度为界来分为冷变形与热变形。再结晶温度以上的塑性变形为热变形；再结晶温度以下的塑性变形为冷变形。

9.1.3　金属的可锻性

　　可锻性是衡量金属材料经受压力加工时获得优质零件难易程度的一个工艺性能。金属的可锻性好，表明锻压容易进行；可锻性差，表明不宜锻压。金属的可锻性常用塑性和变形抗力来综合衡量。塑性越大，变形抗力越小，则可锻性越好；反之，可锻性越差。

　　金属的塑性用断后伸长率 δ、断面收缩率 ψ 来表示，凡是 δ、ψ 值越大或镦粗时变形程度越大（不产生裂纹）的金属，其塑性也越大。变形抗力是指塑性变形时金属反作用于工具上的力。变形抗力越小，则变形消耗的能量也就越少。塑性和变形抗力是两个不同的独立概念。比如奥氏体不锈钢在冷态时塑性虽然很好，但变形抗力却很大。金属的塑性和变形抗力与下列因素有关：

　　1. 化学成分

　　不同化学成分的金属塑性不同，可锻性也不同。纯铁的塑性就比碳钢好，变形抗力也小；低碳钢的可锻性比高碳钢好，当钢中有较多的碳化物形成元素 Cr，Mo，W，V 时，可锻性显著下降。

　　2. 金属组织

　　金属内部的组织结构不同，可锻性有很大差别。固溶体（如奥氏体）的可锻性好，碳化物（如渗碳体）的可锻性差。晶粒细小而有均匀的组织可锻性好，当铸造组织中存在柱状晶粒，枝晶偏析以及其他缺陷时，可锻性较差。

　　3. 变形温度

　　变形温度对塑性及变形抗力影响很大。提高金属变形时的温度，会使原子的动能增加，削弱原子之间的吸引力，减少滑移时所需要的力，因此塑性增大，变形抗力减小，改善金属可锻性。当温度过高时，金属会产生过热，过烧等缺陷，使塑性显著下降，此时金属受力易脆裂。

4. 变形速度

变形速度即单位时间内的变形程度。它对塑性及变形抗力影响是矛盾的。由于变形速度的增大，回复和再结晶不能及时克服加工硬化现象，一方面，使金属表现出塑性下降，变形抗力增加（图 9.4），可锻性变坏；另一方面，金属在变形过程中，消耗于塑性变形上的能量一部分转化为热能，使金属温度升高，产生所谓的热效应现象。变形速度越大，热效应现象越明显，使金属塑性上升，变形抗力下降，可锻性变好（图 9.4 中 a 点以后）。但除高速锤锻外，在一般锻压加工中变形速度并不很快，因而热效应现象对可锻性影响并不明显。

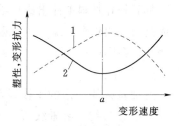

图 9.4 变形速度及变形抗力
的关系示意图
1—变形抗力曲线；2—塑性变化曲线

5. 应力状态

不同的压力加工方法在材料内部产生的应力大小和性质（拉或压）是不同的，因而表现出不同的可锻性。例如，金属在挤压时呈三向压应力状态，表现出较高的塑性和较大的变形抗力；而金属在拉拔时呈两向应力和一向拉应力状态，表现出较低的塑性和较小的变形抗力。

9.2 锻 造

锻造是指在加压设备及工（模）具的作用下，使坯料或铸锭产生局部或全部的塑性变形，以便获得一定几何尺寸、形状和质量锻件的加工方法。锻件是指金属材料经锻造变形而得到的工件或毛坯。锻造属于金属塑性加工，实质上是利用固态金属的流动性来实现成形的。常用的锻造方法有自由锻造，胎模锻造和模型锻造等。

9.2.1 自由锻造

自由锻造是指用简单的通用工具，或在锻造设备的上、下砧间，直接使坯料变形而获得所需的几何形状及内部质量锻件的方法。锻造时，被锻金属能够向没有受到锻造工具工作表面限制的各个方向流动。自由锻使用的工具主要是平砧铁，成形砧（V 形砧）及其他形式的垫铁。用自由方法生产的锻件称为自由锻件。自由锻件的形状尺寸主要由工人的操作技术控制，通过局部锻打逐步成形，需要的变形力较小。

1. 镦粗

镦粗指使毛坯高度减小，横断面积增大的锻造工序。常用来锻造圆盘类零件。镦粗时由于坯料两个端面与上、下砧铁间产生的摩擦力具有阻止合金流动作用，因此圆柱形坯料经镦粗之后呈鼓形。当坯料高度 H_0 与直径 D_0 之比 $H_0/D_0 > 2.5$ 时，不仅难锻透，而且容易镦弯或出现双鼓形。在坯料的一部分进行镦粗，称为局部镦粗。

2. 拔长

拔长指使毛坯横断面积减小，长度增加的锻造工序。拔长常用于锻造轴坯料。

3. 切割

切割指将坯料分成两部分的锻造工序。切割常用于拔长的辅助工序，以提高拔长效率。但局部切割会损伤锻造流线，影响锻件的力学性能。

4. 冲孔

冲孔指在坯料上冲出透孔或不透孔的锻造工序。冲孔常用来锻造套类零件。冲透孔可以看成是沿封闭轮廓切割；冲不透孔可以看成是局部切割并镦粗。在薄坯料上则使用冲头单面冲透孔；在厚坯料上则使用冲头双面冲透孔。孔径超过 400mm 时可用空心冲头冲孔。

5. 弯曲

弯曲指采用一定的工模具将毛坯弯成所规定的外形的锻造工序。弯曲常用于锻造直尺、弯板、吊钩一类轴线弯曲的零件。

6. 锻接

锻接指将坯料在炉内加热至高温后用锤快击，使两者在固相状态结合的方法。锻接的方法有搭、咬接等。夹铜也属于锻接的范畴。锻接后的接缝强度可达到被连接材料强度的 70%～80%。

7. 错移

错移指将坯料的一部分相对另一部分平移错开，但仍保持轴线平行的锻造工序。错移常用于锻造曲轴类零件。错移时，先对毛坯进行局部切割，然后在切口两侧分别加以大小相等，方向相反，且垂直于轴线的冲击力或挤压力，使坯料实现错移。

自由锻造方法灵活，能够锻出不同形状的锻件；自由锻所需的变形力较小，是锻造大件的唯一方法。但是，自由锻生产率较低，锻件精度也较低，多用于单件小批生产中锻造形状较简单，精度要求不高的锻件。

9.2.2　胎模锻造

胎模锻造指在自由锻设备上使用可移动模具生产模锻件的一种锻造成形方法。胎模不固定在锤头或砧座上，只是在用时放上去。锻造时，通常先采用自由锻方法使坯料初步成形后，放入胎模中，然后把胎模放在砧铁上被打击，使锻件在胎模中终锻成形。

图 9.5（a）所示扣模类胎模是由上、下扣组成，主要用于锻造非回转体锻件，也可以

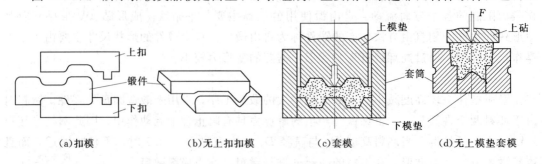

（a）扣模　　　　　（b）无上扣扣模　　　　　（c）套模　　　　（d）无上模垫套模

图 9.5　胎模

只有下扣，上扣以砧代替，如图 9.5（b）所示。使用扣模锻造时，锻件不翻转，只在成形后将锻件翻转 90°，用锤砧平整侧面。因此，锻件侧面应平直。

套模类胎模一般是由套筒及上、下模组成，如图 9.5（c）所示，主要用于锻造端面有凸台或凹坑的回转体锻件。套模的上模垫有时可以用上砧代替，如图 9.5（d）所示，成形后锻件上端面为平面，并且形成横向小毛边。

胎模锻造和自由锻造比，生产率高，锻件精度高，节约金属；与模型锻造相比，不需吨位较大的设备，工艺灵活，但胎模锻的劳动强度大，模具寿命短，只适用于在没有模锻设备的中小型工厂中生产批量不大的模锻件。

9.2.3　模型锻造

模型锻造（简称模锻）指利用模具使坯料变形而获得锻件的成形方法。用模锻生产的锻件称为模锻件。模锻件的形状尺寸主要是由锻模控制，通过整体锻打成形，所需要的变形力较大。模锻通常按模间间隙方向、模具运动方向分为开式模锻和闭式模锻。

1. 开式模型锻造

开式模型锻造（简称开式模锻）指两模间隙的方向与模具运动方向相垂直，在模锻过程中间隙不断减小的模锻。开式模锻的特点是固定模型与活动模型间隙可以变化。模锻开始时，部分金属流入间隙成为飞边。飞边堵住了模膛的出口把金属堵在模膛内。在变形的最后阶段，模膛内的多余金属仍然会被挤出模膛成为飞边。因此，开式模型锻造时坯料的质量应大于锻件的质量。锻件成形后，使用专用模具将锻件上的飞边切去。

2. 闭式模型锻造

闭式模型锻造（简称闭式模锻）指两模间间隙的方向与模具运动的方向相平行，在模锻过程中，间隙的大小不变化的模型锻造。闭式模锻的特点是在坯料的变形过程中，模膛始终保持封闭状态。模锻时固定模与活动模间隙是固定的，而且很小，不会形成飞边。因此，闭式模锻必须严格遵守锻件与坯料体积相等原则。否则若坯料不足，模膛的边角处得不到填充，若坯料有余，则锻件的高度大于要求的尺寸。

闭式模锻最主要的优点是没有飞边，减少了金属的消耗，并且模锻流线分布与锻件轮廓相符合，具有较好的宏观组织。闭式模锻时，金属坯料处于三向不均匀压应力状态，产生各向不均匀压缩变形，提高了金属的变形能力，用于模锻低塑性合金。

模锻的生产率和锻件精度比自由锻造高得多。但每套锻模只能锻造一种规格的锻件，受模锻设备吨位的限制不能锻造较大的锻件。因此，模锻主要用于大批量生产锻造形状比较复杂，度要求较高的中小型锻件。

3. 其他锻造方法简介

（1）精密锻造。指在一般模锻设备上锻造高精度锻件的方法。其主要特点是使用两套不同精度的锻模。锻造时，先使用粗锻模锻造，留有 0.1～0.2mm 的锻造余量；然后切下飞边并酸洗，重新加热到 700～900℃，再使用精锻模锻造。

提高锻件精度的另一条途径是采用中温或室温精密锻造，但只限于锻造小锻件及有色金属锻件。

（2）辊锻。指用一对相向旋转的扇形模具使坯料产生塑性变形，从而获得所需锻件或锻坯工艺。辊锻实质上是把轧制工艺应用于制造锻件的方法。辊锻时，坯料被扇形模具挤压成形。常作为模锻前的制坯工序，也可直接制造锻件。

（3）挤压。指坯料在三向不均匀压应力作用下，从模具的孔口或缝隙挤出，使之横截面减小，长度增加，成为所需制品的加工方法。挤压的生产率很高，锻造流线分布合理。但变形抗力大，多用于锻造有色金属件。

9.3　板　料　冲　压

板料冲压是利用冲压设备和冲模，使板料发生塑性变形或分离的加工方法。厚度小于4mm 的薄铜板通常是在常温下进行的，所以又叫冷冲压。厚板则需要加热后再进行冲压。

由于冲压主要是对薄板进行冷变形，所以冲压制品重量较轻、强度、刚度较大、精度较高、具有较好的互换性、冲压工作也易于实现机械化、自动化、生产率高。

冲压主要应用于加工金属材料如低碳钢，塑性好的合金钢、铜、铝、硬铝、镁合金等，也可用于加工非金属材料如皮革、石棉、胶木、云母、纸板等。应用非常广泛，在航空、汽车、拖拉机、电机、电器、精密仪器仪表工业中，占有极其重要的地位。

9.3.1　冲压设备

1. 剪床

剪床的用途是把板料切成一定宽度的条料，可以为冲压准备毛坯或做切断之用。

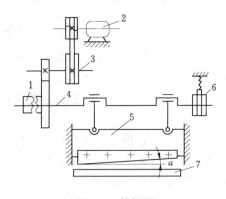

图 9.6　剪切机

1—离合器；2—电动机；3—带轮；4—曲轴；
5—滑块；6—制动器；7—刀刃

剪床的传动机构如图 9.6 所示，电动机带动带轮使轴转动，再通过齿轮传动及牙嵌式离合器使曲轴转动，带刀片的滑块便上下运动，进行剪切工作。

2. 冲床

除剪切外，板料冲压的基本工序都是在冲床上进行的。

冲床分单柱式和双柱式两种。图 9.7 所示为双柱式冲床的传动简图。电动通过带传动带动飞轮转动，当踩下踏板时，离合器使飞轮与曲轴连接，故而曲轴随飞轮一起转动，通过连杆带动滑块作上下运动，进行冲压工作。当松开踏板时，离合器脱开，曲轴不随飞轮转动，同时制动器使曲轴停止转动，并使滑块留在上顶点位置。

9.3.2　冲压基本工序

各种形式的冲压件都经过一个或几个冲压工序。冲压基本工序可分为分离和变形两大基本工序。

分离工序是使板料发生剪切破裂的冲压工序，如剪切、落料、冲孔等，在冲压工艺上

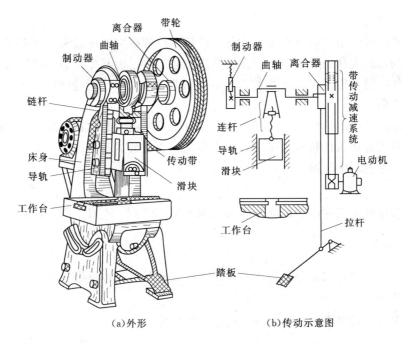

(a)外形   (b)传动示意图

图 9.7 冲床

通常称为"冲裁"。

变形工序是使板料产生塑性变形的冲压工序，如弯曲、拉延、成形等。

1. 剪切

把板料切成一定宽度条料称剪切，通常用作备料工序。剪切所用剪床有以下三种：

(1) 平口剪床。它的刀口是相互平行的。平口剪床所需剪刀较大，剪切后板料较平，多用于剪切较窄板料。

(2) 斜口剪床。它的刀口是倾斜的，一般为 $6°\sim8°$。斜口剪床因金属接触面小，所需剪力较小，剪后板料易弯曲，多用于剪切较宽的板料。

(3) 圆盘剪床。它是利用两片反向转动的刀片而将板料剪开的剪床。圆盘剪床的特点是能剪切很长的带料，剪切后毛坯易弯曲。

2. 落料与冲孔

把板料沿封闭轮廓分离的工序称为落料或冲孔。落料与冲孔是同样变形过程的工序，所不同的是落料为了在板料上冲裁出所需形状的工件，即冲下的部分是工件，带孔的周边为废料；而冲孔则是在已得的周边是工件，冲下的部分为废料。

3. 弯曲

用模具把金属板料弯成所需形状的工序称为弯曲。在弯曲时，钢料下层受拉，内层受压，因此外层易拉裂，内层易引起折皱，规定最小弯曲圆周半径 $R_{\min} = (0.25\sim1)\,\delta$。其中 δ 为材料厚度。材料的塑性愈好，允许的圆角半径 $R_{\min}$ 也愈小；另外弯曲时必须使弯曲部分的压缩及拉伸顺纤维方向进行，否则易造成拉裂现象。

弯曲后常带有弹性回跳现象，回跳角度从 $0°\sim10°$，在设计模具时应考虑进去。

4. 拉延

把平板料拉成中空开头工件的工序称为拉延。拉延所用毛坯通常用落料工序获得。从平板料变形到最后成品的形状，一般需经几次拉延工序，为避免拉裂，除冲头与凹模部分应做成圆角外，每一道工序拉延系数即拉延后板坯直径之比，一般取 1.5～2，对塑性较差的金属取小值。

对于壁厚不减薄的拉延，冲头与凹模间应有比板厚稍大的单边间隙，为预防拉延时板料边缘缩小而引起折皱板料的边缘常用压板压住，再进行拉延。为了消除加工硬化现象，在拉延工序中常进行中间退火。

5. 成形

利用局部变形使毛坯或半成品改变形状的工序称成形。成形工序包括翻边，收口等。

9.3.3　冲模

冲模按工序组合方式可分为简单冲模、连续冲模和组合冲模等三种。

1. 简单冲模

冲床每次行程只完成一个工序的冲模称为简单冲模。

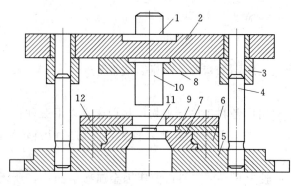

图 9.8　简单冲模

1—模柄；2—上模板；3—套筒；4—导柱；5—下模板；
6—压板；7—凹模；8—压板；9—导板；10—凸模；
11—定位销；12—卸料板

2. 连续冲模

把两个（或更多个）简单冲模连在模板上而成称为连续冲模。冲床每次行程可完成两个以上工序。

3. 组合冲模

冲床每次行程中，毛坯在冲模内只经过一次定位，可完成两个以上工序。

典型的简单冲模的结构如图 9.8 所示。冲模一般分上模和下模两部分。上模用模柄固定在冲床滑块上，下模用螺栓紧固在工作台上。冲模各部分作用如下：

（1）凸模与凹模。凸模又称冲头，它与凹模共同作用，使板料分离或变形完成冲压过程的零件，是冲模的主要工作部分。

（2）导板与定位销。用以保证凸模与凹模之间具有准确位置的装置，导板控制毛坯的进给方向，定位销控制进给量。

（3）卸料板。冲压后用来卸除套在凸模上的工件或废料。

（4）模架。由上下模板、导柱和套筒组成。上模板用以固定凸模，模柄等；下模板则用以固定凹模，送料和卸料构件等。导筒和导柱分别固定在上下模板上，用以保证上下模对准。

9.4　塑料成形与加工

塑料成型加工是指经过成型加工，得到具有一定形状，尺寸和使用性能的制品的工艺过程。塑料成型的主要方法有注射成型、挤压成型、吹塑成型、压制成型和浇铸成型等。

9.4.1　塑料的成型方法

1. 注射成型

注射成型的示意图如图 9.9 所示。注射成型又称为注塑成型，它是热塑性塑料主要的

加工成型方法之一，将颗粒状或粉状塑料依靠重力从漏斗送入柱塞前面的压力室，当柱塞推进时，塑料被推入加热室并在其中被预热。塑料由预热室压过鱼雷形截面，在那里熔化并调节流量，通过顶着模具座的喷嘴使熔化了的塑料离开鱼雷区，并由浇口和浇道进入模腔，冷却脱模后就获得所需形状的塑料制品。

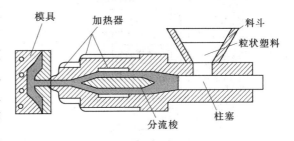

图 9.9　注射成型加工示意图

注射成型自动化程度高、生产速度快、制品尺寸精确，可压制形状复杂、壁厚和带金属嵌件的塑料制品，如电视机外壳、塑料泵等。

2. 挤压成型

挤压成型又称挤出成型或挤塑法。也是热塑性塑料中最主要的成形方法之一，是所有加工方法中产量最大的一种。将塑料的原料从漏斗送入螺旋推进室，再由旋转的螺旋把它输送到预热区并受到压缩，然后迫使它通过已加热的模具，当塑料制品落到输送机的皮带上时，用喷射空气或水使它冷却变硬，以保持成型后的形状。

3. 吹塑成型

吹塑成型是利用压缩空气，使被预热的热塑性的片状或管状坯料，在模内吹制成颈口短小的中空制品成型方法。图 9.10 所示为塑料零件成型的示意图。将经加热的塑料管放在打开的模具中，并将两端塞紧，通入压缩空气，使坯料沿模腔变形，经冷却定形后，即可取出中空的塑料制品。

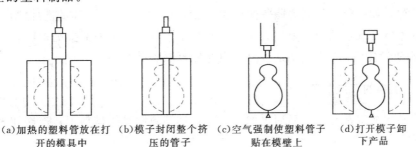

(a)加热的塑料管放在打　(b)模子封闭整个挤　(c)空气强制使塑料管子　(d)打开模子卸
　开的模具中　　　　　　压的管子　　　　　贴在模壁上　　　　　下产品

图 9.10　塑料吹塑成型

吹塑法常用于瓶、罐、管类零件的加工及挤压和吹塑薄膜的成型加工。

4. 压制成型

热固性塑料大多采用压制成型。图 9.11 所示为压制成型的两种方法——模压法和层压法的示意图。模压法把粉状、粒状塑料放在金属模内加热软化，然后加压，使塑料在一定的温度、压力和时间内发生化学反应，并固化成型后脱模，即可取出制品。层压法是用片状骨架填料在树脂溶液中浸渍，然后在层压机上加热，加压固化成型。它是生产各种增强塑料板、棒、管的主要方法，生产出的板、棒、管再经机械加工就可以得到各种较为复杂的零件。

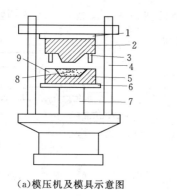

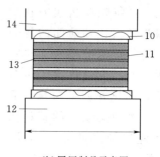

(a)模压机及模具示意图   (b)层压制品示意图

图 9.11   模压、层压示意图

1—上模式板；2—上模；3—导合钉；4—支柱；5—下模；6—下模式板；7—柱塞；
8—物料；9—模腔；10—帆布石棉垫布；11—高聚韧层；
12—下模板；13—不锈钢或其他垫板；14—上模板

5. 压延成型

利用热的滚筒将热塑性塑料连续压延成薄片或薄膜的成型方法称为压延成型。这种方法生产能力大，产品质量好，易于实现自动化流水作业，是生产人造革、各种长宽尺寸大的塑料薄膜的主要方法。但该方法设备投资较大。

6. 浇铸成型

浇铸成型又称浇塑法或铸塑法，它是不用外加压力，而是将液态树脂、添加剂和固化剂浇铸到模内固化成型，脱模后即可得到有一定形状的制品。它适用于流动性大而收缩性小的树脂品种，如酚醛、环氧树脂等热固性树脂，或丙烯酸酯类等热塑性树脂。也可以把能够进行本体聚合反应的液态单体直接注入模型中聚合，铸成所需要的形状。有机玻璃即是如此成型的。该方法多用于制造板材、电绝缘器材和装饰品等。

9.4.2 塑料的二次加工

塑料的二次加工指制品成型后再加工。它包括塑料制品机械加工，连接和表面处理等工艺。

1. 机械加工

经成型的塑料制品大多数可直接装配使用。但某些需要满足装配要求的零件，如齿轮、轴承、小而深的孔、螺纹等还应进行机械加工。有些零件是板材、棒材、管材做毛坯，也必须进行机械加工。

塑料制品机械加工工艺与金属切削工艺大致相同，可以进行车、铣、刨、钻、镗、锯、铰、锉和攻丝等。但应考虑塑料的导热性差、弹性大，容易引起加工时发热变形与加工面粗糙。为保证质量，在刀具角度、切削用量及操作方法上必须作下列几点改进：

(1) 塑料的强度和硬度比金属材料低，故切削功率一般可小些。

(2) 塑料的导热性差，因此必须用较小的切削用量，以防止塑料制品温度升高。有时为提高表面质量，可选用较大的切削速度，较小的切削深度和走刀量。

(3) 塑料的弹性模量较小，硬度又不高，这些都会影响切削加工后零件的表面粗糙度。因此通常采用大前角和大后角的刀具，并保证刀刃锋利。此外，精加工时制品不宜夹得过紧，用高切削速度和小的走刀量，可以得到低的表面粗糙度值。

(4) 塑料的耐热性差，温度升高超过一定数值时，热塑性塑料会发生软化，热固性塑料会烧焦，因此必须控制温度升高，通常采用风冷或水冷等。

(5) 有些塑料性质较脆或容易产生内应力，如热固性塑料和聚碳酸酯，在进行车、铣、钻、镗时其切入和切出操作都必须缓慢，最好采用手动走刀，以防崩裂。

2. 塑料的连接

塑料与塑料、塑料与金属或其他非金属材料的连接，除用一般机械连接方法外，还有热熔黏结，溶剂黏接，胶粘剂黏接等。

(1) 热熔黏结。大多数热塑性塑料在加热到 230～280℃ 就可熔融并自行黏在一起，或能粘贴金属、陶瓷和玻璃等材料。有一种塑料黏结方法很像钢材的电焊，它是采用塑料焊条以热风吹熔，使两塑料件黏接在一起。如用硬聚氯乙烯制造化工容器多采用此法焊接而成。

(2) 溶剂黏接。利用有机溶剂如丙酮、三氯甲烷，二甲苯等滴入待连接塑料的接头表面，使其溶解黏接，待溶剂挥发后，即可形成牢固的接头。此法适用于某些相同品种的热塑性塑料。应注意控制好溶剂挥发速度，太快黏结不牢或有内应力，太慢使黏结时间延长。

(3) 胶接。利用胶黏性强的胶黏剂，能够使不同塑料或者塑料与其他材料黏结。

3. 表面处理

为了改善塑料的表面性能，达到防护、装饰的目的，在塑料制品表面涂一层金属。最常用的工艺主要是电镀：在任何塑料品种表面，先进行去油，打毛后，用化学还原液沉积一层银膜，再用化学方法浸镀一层铜膜，最后按要求，用普通电镀法镀上金、铬、镍等金属薄膜。

有时为了对塑料制品进行着色装饰还用到其他一些处理方法。新的工艺有静电的纸型把油墨粉散播到接地的塑料片或薄膜上，作用和绢印相似，然后加热使粉粒熔合到塑料中，印刷聚烯烃之前，则要求把底材用放电、氧化火焰等方法处理，使表面带极性因素，提高油墨的附着能力。

还有衬塑料涂层，它是对化工设备金属材料表面被覆一层塑料，来提高耐腐蚀性能。

9.5 粉末冶金及锻压新工艺简介

9.5.1 粉末冶金概念及工艺过程

用金属粉末（或金属末与非金属粉末的混合物）做原料，经过压制成型并烧结所制成的合金称粉末合金，这种生产过程称为粉末冶金法，由于生产粉末冶金与生产陶瓷有相似之处，因此也称金属陶瓷法。粉末冶金工艺过程包括制粉、筛分与混合、压制成型、烧结及后处理等几个工序。

1. 制粉

制粉就是将原料破碎成粉末，常用的几种方法有：机械破碎法，如用球磨机粉碎金属原料；熔融金属的气流粉碎法，如用压缩空气流、蒸汽流或其他气流将熔融金属粉碎；氧化物还原法，如用固体或气体还原剂把金属氧化物还原成粉末；电解法，在金属盐的水溶剂中电解沉积金属粉末。

2. 筛分与混合

筛分与混合的目的使粉料中的各组元均匀化。在各组元密度相差较大且均匀程度要求较高的情况下常用湿混，即在粉料中加入液体，常用于硬质合金的生产。为改善粉末的成型性和可塑性，在粉料中加汽油橡胶液或石蜡等增塑剂。

3. 压制成型

成型的目的是将松散的粉料通过压制或其他方法制成具有一定形状、尺寸的压坯。常用的方法为模压成型。它是将混合均匀的粉末装入压模中，然后在压力机上压制成型。

4. 烧结

压坯只有通过烧结，使间隙减少或消除，增大密度，才能成为"晶体结合体"，从而具有一定的物理性能和机械性能。烧结是在保护性气氛（煤气，氢气）的高温炉或真空炉中进行的。

5. 后处理

烧结后的大部分制品即可直接使用。当要求密度精度高时，可进行最后附加加工，称为精整。有的需经浸渍，如含油轴承；有的需要热处理和切削加工等。

9.5.2 粉末冶金的特点与应用

（1）粉末冶金法能生产多种具有特殊性能的金属材料。粉末冶金法能生产具有一定孔的材料——过滤器、多孔含油轴承，生产熔炼法不能生产电接触材料、各种金属陶瓷性材料，生产钨、钼、钽、铌等近年来，运用粉末冶金法生产高速钢，可以避免碳化物偏析，比熔炼高速钢性能好。

（2）冶金法制造机器零件，是一种少切削、无切削的新工艺。过去粉末冶金法主要用来制各种衬套和轴套。现在逐渐发展到制造其他机械零件，如齿轮凸轮、电视机零件，仪表零件以及某些齿轮零件等。用粉末冶金法制造的机械零件，能大量减少切削加工量，节省机床，节约金属材料，并提高劳动生产率。

但是，应用粉末冶金法也有缺点，如制造原始粉末的成本高；压制时，所需单位压力很高，因而制品尺寸受到限制；压模的成本高，仅大量生产时才有利；粉末的流动性差，不易制造形状复杂的零件；烧结后零件的韧性较差等。不过，这些问题随着粉末冶金技术的发展是不难解决的。当前，随着粉末冶金技术的发展，粉末冶金材料的韧性可以大大提高。

9.5.3 超塑性成形

超塑性是指金属或合金在特定条件下进行拉伸试验，其伸长率超过 100% 以上的特性，如纯钛可超过 300%，锌铝合金可超过 1000%。特定的条件是指一定的变形温度（约为 $0.5T_{熔}$），一定的晶粒度（晶粒平均直径为 $0.2\sim0.5\mu m$），低的变形速率（$\varepsilon=10^{-2}\sim10^{-4}$ m/s）。

超塑性成形是指利用金属在特定条件下进行塑性加工的方法，称为超塑性成形。它包括细晶超塑性成形和相变超塑性成形。

超塑性成形的零件晶粒细小均匀，尺寸稳定，性能好。目前主要成形方法有超塑性模锻，板料气压成形及模具热挤压成形等。

目前常用的超塑性成形材料主要为锌铝合金、铝基合金、钛合金及高温合金。超塑性状态下的金属在变形过程中不产生缩颈现象，变形应力可比常态下降低几倍至几十倍，因此，此种金属极易成形，可采用多种工艺方法制出复杂零件。

9.5.4 粉末锻造

金属粉末经压实后烧结，再用烧结体作为锻造毛坯的方法称为粉末锻造。粉末锻造是粉末冶金与精密锻造相结合的技术。由于粉末冶金件中含有一定数量的孔隙，因此其力学性能比锻铸件低。将冷却后的粉末冶金烧结件在闭合模中进行一次热锻，使预制坯产生塑性变形而压实，变成接近或完全致密的程度（可使相对密度达到 98% 以上），所以可用做受力构件。粉末锻造与普通模锻相比具有锻造工序少，锻造压力小，材料利用率高，精度可达精密模锻水平等优点。粉末锻造可用于齿轮、花键复杂零件的成形。

9.5.5 液态模锻

将定量的熔化金属倒入凹模型腔内，在金属即将凝固状态下（即液、固两相共存）用冲头加压，使其凝固以得到所需形状锻件的加工方法称为液态模锻。液态模锻是一种介于铸锻之间的工艺方法，可实现少、无切削锻造，用于生产各种有色金属、碳钢、不锈钢以及灰口铸铁和球墨铸铁件；可生产出用普通模锻法无法成形而性能要求高的复杂工件，如铝合金活塞，镍、黄铜高压阀体，铜合金涡轮，球墨铸铁齿轮，钢法兰等锻件。但液态模锻不适于制造壁厚小于 5mm 空心工件。

9.5.6 高速高能成形

高速高能成形有多种加工形式。其共同特点是在极短的时间内，将化学能、电能、电磁能和机械能传递给被加工的金属材料，使之迅速成形。高速高能成形分为利用炸药的爆炸成形，利用电磁力的电磁成形和利用压缩气体的高速锤成形等。高速高能成形速度高，可以加工难加工材料，加工精度高，加工时间短，设备费用较低。

1. 高速锤成形

高速锤成形是利用 14MPa 的高压气体短时间突然膨胀，推动锤头和框架系统作高速相对运动而产生悬空打击，使金属坯料在高速冲击下成形的方法。

在高速锤上可以锻打强度高、塑性低的材料。可以锻打的材料有铝、镁、铜、钛合金等。在高速锤上可以锻出叶片，涡轮、壳体、接头、齿轮等数百种锻件。

2. 爆炸成形

爆炸成形是利用炸药爆炸的化学能使金属材料变形的方法。在模膛内置入炸药，其爆炸时产生大量高温高压气体，使周围介质（水，砂子等）的压力急剧上升，并呈辐射状传递，使坯料成型。这种成型的方法变形速度快、投资少、工艺装备简单，适用于多品种小批量生产，尤其适合于一些难加工材料，如钛合金、不锈钢的成形及大件的成形。

3. 放电成形

坯料变形的机理与爆炸成形基本相同。它是通过放电回路中产生强大的冲击电流，使电极附近的水气化膨胀，从而产生很强的冲击压力使坯料成形。与爆炸成形相比，放电成形时能量的控制与调整简单，成形过程稳定，使用安全，噪声小，可在车间内使用，生产率高。但放电成形受到设备容量的限制，不适于大件成形，特别适于管子的膨胀成形加工。

4. 电磁成形

电磁成形是利用电磁力加压成形的。成形线圈中的脉冲电流可在极短的时间内迅速增长和衰减，并在周围空间形成一个强大的变化磁场。坯料置于成形线圈内部，在此变化磁场作用下，坯料内产生感应电流形成的磁场和成形线圈磁场相互作用，使坯料在电磁力的作用下产生塑性变形。这种成形方法所用的材料应当是具有良好导电性能的铜、铝和钢。如需加工导电性能差的材料，则应在毛坯表面放置薄铝板和驱动片，用以促使坯料成形。电磁成形不需要水和油类的介质，工具也几乎不损耗，装置清洁、生产率高、产品质量稳定；但由于受到设备容量的限制，只使用加工厚度不大的小零件，板材或管材。

9.5.7　精密模锻

精密模锻是在普通的模锻设备上锻制形状复杂的高精度锻件的一种工艺。如锥齿轮、汽轮叶片、航空零件、电器零件等。锻件公差可在 ± 0.02mm 以内。

9.5.8　径向锻造

对轴向旋压转送进的棒料或管料施加径向脉冲打击力，锻成沿轴向具有不同横截面制件的工艺方法称为径向锻造。径向锻造主要适用于各种外形的实心或空心长轴类锻件，以及内孔形状复杂或孔直径很小的长直空心轴类锻件，如内螺纹孔、内花键孔。

9.5.9　旋压

旋压是一种成形金属空心回转体的工艺方法。在毛坯随芯模旋转或施压工具绕毛坯在芯模旋转中，旋压工具与芯模相对进给，从而使毛坯受压并产生连续、逐点的变形。它包括普通旋压和变薄施压（强力旋压）。

1. 普通旋压

普通旋压是一种主要的改变毛坯的直径尺寸而成形器件的旋压方法，壁厚随着形状的改变一般有少量减薄，而且沿母线分布是不均匀的。普通旋压包括扩径旋压和缩径旋压。缩径旋压是指将回转体空心件或管状毛坯进行径向的局部旋转压缩，以使其直径缩小的工艺方法。它包括成形、收口、缩径、压筋等。扩径旋压与缩径旋压相反，是利用旋压工具使回转体空心件或管状毛坯进行局部直径增大的工艺方法。

2. 变薄旋压

变薄旋压（强力旋压）是成形中在高的接触压力下毛坯壁厚逐点地有规律地减薄而直径无显著变化的旋压方法。成形中变形金属的流动方向与旋压纵向进给方向相反。借滚珠盘与管坯相对旋转并轴向进给而由滚珠完成的管形件变薄旋压称为滚珠旋压或钢球旋压。

旋压所需的变形力小、材料利用率高、生产成本低、工件尺寸精度高，能显著提高工件性能。旋压主要用于加工圆筒形、锥形、抛物面形或其他各种曲线构成的旋转体，即各种轴对称形零件。

复 习 思 考 题

1. 什么是金属的可锻性？影响金属可锻性的因素有哪些？
2. 指出自由锻造的特点和应用范围。
3. 何谓胎膜锻造？它与自由锻造相比有何特点？
4. 何谓模型锻造？它与自由锻造相比有何特点？
5. 塑料有哪些成形方法？
6. 什么是塑料的二次加工？
7. 什么是粉末冶金法？有何特点及应用？
8. 什么是超塑性变形？有和特点及应用？
9. 什么叫液态模锻？
10. 什么叫高速高能成形？它的特点是什么？
11. 冲压成形的主要特点是什么？冲裁、拉伸、弯曲等过程中板料受力及变形的主要特点是什么？
12. 判断正误（正确的打√，错误的打×）。

（1）锻压是指对坯料施加外力，使其产生塑性变形，改变形状及改善性能，用以制造机械零件或毛坯的成形加工方法。（　　）

（2）金属发生塑性变形后，强度和硬度升高的现象称为加工硬化或者冷作硬化。（　　）

（3）对塑性变形后的金属加热，金属原子就会获得足够高的能力，但是消除不了加工硬化现象，这一过程称为再结晶。（　　）

（4）锻造是指在加压设备及工（模）具的作用下，使坯料或铸锭产生局部或全部的塑性变形，以便获得一定几何尺寸、形状和质量锻件的加工方法。（　　）

（5）胎模锻指在自由锻设备上使用固定模具生产模锻件的一种锻造成形方法。（　　）

第 10 章 焊 接

10.1 概 论

焊接是通过加热或加压，或两者并用，并且用或不用填充材料，借助与金属原子扩散和结合，使分离的材料牢固的连接在一起的加工方法。

焊接方法的种类很多，按焊接过程特点可分为三大类，即熔化焊、压力焊和钎焊。

10.1.1 熔化焊

熔化焊这一类方法的共同特点是把焊接局部连接处加热至熔化状态形成熔池，待其冷却结晶后形成焊缝，将两部分材料焊接成一个整体。因两部分材料均被熔化，故称熔化焊。

10.1.2 压力焊

在焊接过程中需要对焊件施加压力（加热或不加热）的一类焊接方法，称为压力焊。

10.1.3 钎焊

利用熔点比金属低的填充金属（称为钎料）熔化后，填入接头间隙并与固态的母材通过扩散实现连接的一类焊接方法。

主要焊接方法分类如图 10.1 所示。

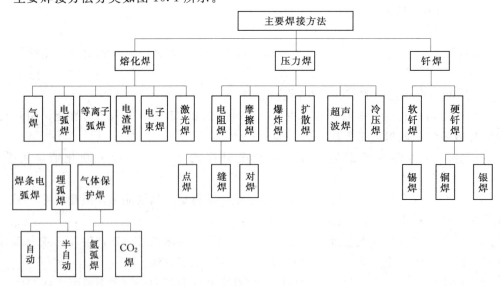

图 10.1　主要焊接方法分类框图

焊接主要用于制造金属构件，如锅炉、压力容器、船舶、桥梁、管道、车辆、起重机、海洋结构、冶金设备；生产机器零件（或毛坯），如重型机械和制金设备的机架、底座、箱体、轴、齿轮等；传统的毛坯是铸件或锻件，但在特定条件下，也可用钢材焊接而成。

与铸造相比，焊接不需要制造木模和砂型、不需要专门冶炼和浇铸、生产周期短、节省材料、降低成本。如我国自行设计制造的 120MN 水压机的下横梁，若用铸钢件重量可达 470t，采用焊接结构净重仅 260t，重量减轻约 45%；对于一些单件生产的特大型零件（或毛坯），可通过焊件以小拼大，简化工艺；修补铸、锻件的缺陷和局部损坏的零件，这在生产中具有较大的经济意义。世界上主要工业国家年生产焊接结构占总产量的 45%。

焊接正是有了连接性能好、省工省料、成本低、重量轻、可简化工艺等优点，才得以广用。但同时也存在一些不足，如结构不可拆、更换修理不方便；焊接头组织性能变坏；存在焊接应力，容易产生焊接变形；容易出现焊接缺陷等。有时焊接质量成为突出问题，焊接接头往往是锅炉压力容器等重要容器的薄弱环节，实际生产中应特别注意。

随着我国经济的发展，先进的焊接工艺不断出现，已成功的焊制了万吨水压机横梁、立柱，125MW 汽轮机转子、30MW 电站锅炉，120t 大型水轮机工作轮，直径 15.7m 的球形容器，核反应堆，火箭，飞船等。

10.2 焊 条 电 弧 焊

利用电弧作为热源的熔焊方法，称为电弧焊。焊条电弧焊是指用手工操纵焊条进行焊接的电弧焊方法，也称手工电弧焊。

10.2.1 焊接电弧

焊接电弧是焊接电源供给的，具有一定电压的两电极间或电极与焊件间，在气体介质中产生强烈而持久的放电现象。

焊接时，先使焊条与焊体瞬间接触，由于短路产生高热，使接触处金属很快熔化，并产生金属蒸气。当焊条迅速提起，离开焊件 2～4mm 时，焊条与焊件之间充满了高热的气体与气态的金属，由于质点的热碰撞以及焊接电压的作用使气体电离而导电，于是在焊条与焊件之间形成了电弧。

焊接电弧由阴极区、弧柱、阳极区组成。

1. 阴极区

电弧紧靠负电极的区域称为阴极区，是放射出大量电子部分，要消耗一定的能量，产生热量较少，约占电弧总热量的 38%，阴极区（钢材）温度可达 2400K。

2. 阳极区

电弧紧靠正电极的区域称为阳极区，是受电子撞击和吸入电子的部分，获得很大的能量，放出热量较高，约占电弧总热量的 42%，阳极区（钢材）温度可达 2600K。

3. 弧柱

电弧阴极区和阳极区之间的部分称为弧柱，其温度最高可达 5000～8000K，热量约占 20％。

由于电弧发出的热量在两极有差异，因此在极性上有正接和反接两种：正接指焊件接电源正极，电极接电源负极的接线法，也称正极性，这时热量大部分集中在焊件可加速焊件熔化，有较大熔深，这种接法应用最多；反接指焊件接电源负极，电极接电源正极的接线法，也称反极性，常用于薄板钢材、铸铁、不锈钢、非铁合金焊件，或用于低氢型焊条焊接的场合。

当使用交流电源进行焊接时，由于电流方向交替变化，两极温度大致相等，不存在极性问题。

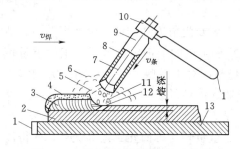

图 10.2　焊条电弧焊接过程示意图

1—电极；2—焊件；3—焊缝；4—渣壳；5—电弧；
6—保护气体；7—焊芯；8—药皮；9—焊条；
10—焊钳；11—熔滴；12—熔池；
13—工作台

10.2.2　焊缝形成过程

如图 10.2 所示，焊接时，焊条 9（用焊钳 10 夹持）和工作台 13 为两极与焊接电源相连接。电弧 5 在焊芯 7 与焊件 2 之间燃烧。焊芯熔化后形成的熔滴 11 滴入熔池 12 中，焊条 9 上的药皮 8 熔化后形成保护气体 6 及熔渣。保护气体充满在熔池周围，液态熔渣从熔池中浮起，覆盖在熔池表面上，共同起到隔绝空气、防止液态金属氧化的保护作用。焊条向右移动形成新的熔池，脱离电弧作用的熔池金属凝固成焊缝 3，液态熔渣冷却后在焊缝上面形成坚硬的熔渣壳 4。

10.2.3　焊条

焊条是涂有药皮的供电弧焊用的融化电极。它由药皮和焊芯两部分组成。

1. 焊芯

焊芯是指焊条中被药皮包覆的金属芯。其作用为：①作为电极传导电流；②产生电弧；③作为填充金属，与被焊母材溶合在一起。焊芯的化学成分、杂质含量均直接影响焊缝质量。GB/T 5117—1995《碳钢焊条》规定：焊芯必须有专门冶炼的金属丝制成，并规定了它们的牌号和化学成分。焊芯用钢分为碳素钢、合金钢和不锈钢三类，其牌号冠以"焊"字，代号为"H"，随后的数字和符号意义与结构钢牌号相似。例如，H08MnA 其中 H 表示焊丝；08 表示含碳量 0.08％；Mn 含量小于 1.05％；A 是高级优质。我国生产的电焊条，基本上以 H08A 钢作焊芯。

2. 药皮

药皮是压涂在焊芯表面上的涂料层。它由矿石、岩石、铁合金、化工物料等的粉末混合后黏结在焊芯上制成。在焊接过程中主要作用如下：

（1）提高燃弧的稳定性（加入稳弧剂）。

（2）防止空气对金属熔池的有害作用（加入造气剂、造渣剂）。

（3）保证焊缝金属的脱氧，并加入或保护合金元素，使焊缝金属有合乎要求的化学成分和力学性能（加入脱氧剂、合金等）。

3. 焊条的分类、型号及牌号

(1) 焊条的分类。焊条的品种很多，通常可以根据焊条的药皮成分、熔渣的碱度及用途来分类。

1) 按焊条药皮的主要成分，焊条可分为氧化钛型、氧化钛钙型、钛铁矿型、氧化铁型、纤维素型、低氢型、石墨型、盐基型等。

2) 按熔渣的碱度，焊条可分为酸性焊条和碱性焊条。酸性焊条药皮内含有多种酸性氧化物；碱性焊条药皮中含有多种碱性氧化物。酸性焊条电弧稳定性较好，可交直流两用，价低但焊缝中氧和氢的含量较多，影响焊缝金属的力学性能。碱性焊条焊缝中含氧，氢少杂质少，有高的韧性，高的塑性，单电弧稳定性差，一般宜用直流电源施焊。

(2) 焊条的型号和牌号。

1) 焊条型号是国标准、规定的反映焊条主要性能的编号方法。根据 GB 117—1985《碳钢焊条》标准规定：用一位字母 E 加四位数字（$E \times_1 \times_2 \times_3 \times_4$）表示，编制方法为各位数字含义如下：

a. 前两位数字 $\times_1 \times_2$ 表示焊条系列，共有 43 系列和 50 系列两种，分别代表溶敷金属抗拉强度最小值为 $43 kgf/mm^2$（420MPa）和 $50 kgf/mm^2$（490MPa）。

b. 第三位数字 $\times_3$ 表示焊条适用位置："0" 和 "1" 表示适宜全位置焊；"2" 仅适宜平焊及平角焊；"4" 表示焊条适用于向下立焊。

c. 第三位和第四位数字组合 $\times_3 \times_4$ 表示焊条药皮类型及电流种类。

例如，E4303 中 "03" 表示钛钙型，交直流两用。

2) 焊条牌号是对焊条产品的具体命名，是根据焊条主要用途及性能编制的，焊条牌号是符合型号的，一般一种焊条型号，可以有多种焊条牌号，这有利于焊条的改进发展（实为同一型号焊条有多种药皮配方）。

目前我国焊条牌号很多，且焊条牌号另有一套编制方法。碳钢焊条和低合金钢焊条合并在"结构钢"焊条一类中，其牌号一般用一个大写拼音字母和三位数字表示，字母"J"表示结构钢焊条；"R"表示钼和铬耐热钢焊条；"B"表示不锈钢焊条；"D"表示堆焊条；"W"表示低温钢焊条；"Z"表示铸铁焊条；"N"表示镍及镍合金焊条；"T"表示铜及铜合金焊条；"L"表示铝及铝合金焊条等。如 J422 后面的三位数字中前两位 "42"表示熔敷金属抗拉强度值为 420MPa，第三位数字代表两个含义：电流种类、药皮类型，此例中"2"表示允许交流或直流电源用，药皮为钛钙型（酸性）。又如 J507 表示结构钢焊条，焊缝金属 $\sigma_b \geqslant 500 MPa$ 是低氢型（碱性）药皮，只适用于直流电源。

4. 焊条的选用

(1) 根据焊件的力学性能和化学成分。焊接低碳钢低合金钢一般要求母材与焊缝金属等强度，因此可根据钢材等级选用相应焊条；焊接特种性能要求的钢种，如耐热钢、不锈钢时，主要考虑熔敷金属化学成分，应选用相应的专用焊条，保证焊缝金属的主要成分与母材相同或相近。

(2) 根据焊件结构复杂程度和刚度。对于形状复杂、刚性较大的结构，及承受冲击、交变载荷的结构，应选用抗裂能力强，低温性能好的碱性焊条；受力不复杂，母材质量好，选用酸性焊条，因酸性焊条价廉。

（3）根据焊件的工艺条件和经济性。对于焊前清理困难，且易产生气孔的，应选用酸性焊条。酸性焊条对油、水、锈不敏感，工艺性能好。

10.3　其 他 焊 接 方 法

10.3.1　气焊与气割

在生产中，还可利用气体火陷所释放出来的热量作为热源进行焊接或切割金属，这就是气焊与气割。气焊是利用氧气和可燃气体（一般是乙炔）混合燃烧时产生的大量热量，将焊件和焊丝局部熔化，再经冷却结晶后使焊件连接在一起的方法。当将上述气体燃烧时所释放出的热量用于切割金属时，则称为气割。

1. 气焊设备

气焊设备包括氧气瓶、减压瓶、乙炔气瓶、回火防止器等，它们之间相互连接，形成整套系统。

（1）氧气瓶。氧气常温和常压下是无色无味的气体，比空气稍重，它不能自燃，但能助燃。氧气瓶是贮存和运输高压氧气的容器。氧气瓶容量一般为 40L，额定工作压力为 15MPa，贮气量约 6m3。装盛着纯氧气（纯度不低于 98.5%）的氧气瓶有爆炸危险，使用时必须注意安全。搬运时禁止和乙炔及液化气瓶放在一起，禁止撞击氧气瓶和避免剧烈振动，氧气瓶离工作点或其他火源 10m 以上；夏天要防曝晒，冬天阀门冻结时严禁用火烤，应当用热水解冻。瓶中的氧气不允许全部用完。应至少留 0.1~0.2MPa 的剩气，以防止瓶内混入其他气体而引起爆炸。

（2）减压器。是将高压气体降为低压气体的调节装置。减压器同时具有显示氧气瓶气体压力，并保持输出气体的压力和流量稳定不变。

（3）乙炔发生器、乙炔气瓶。乙炔发生器是水与电石进行化学反应产生一定压力乙炔气体的装置。因现场使用危险较大。目前工厂中广用乙炔瓶。乙炔瓶是贮存和运输乙炔的容器，其外形同氧气瓶相似，但构造复杂。瓶内装有能吸收丙酮的多孔性填料——活性炭、木屑、浮石以及硅藻土等合制而成。乙炔特易溶解于丙酮。使用时，溶解在丙酮中的乙炔分解出来，而丙酮仍留在瓶内。瓶装乙炔的优点是：气体纯度高、不含杂质、压力高、能保持火焰稳定、设备轻便、比较安全、易于保持环境清洁。因此，瓶装乙炔的应用较广。容积为 30L，工作压力为 1.47MPa，可贮存 4500L 乙炔。乙炔瓶注意安全使用，严禁震动、撞击、泄漏，必须直立，瓶体温度不得过 40℃，瓶内气体不得用完，剩余气体压力不低于 0.098MPa。

（4）回火保险器。在实施气焊或气割时，由于某种原因致使混合气体的喷射速度小于其燃烧速度。火焰向喷嘴内逆向燃烧现象——回火现象之一。这种回火可能烧坏焊（割）炬，管路以及引起可燃气体贮罐的爆炸。这种现象也称倒袭回火。回火保险器就是装在燃烧气体系统上的防止向燃气管路或气源回烧的保险装置。一般有水封式和干式两种。使用水封式回火保险器时一定要先检查水位。

（5）焊炬（焊枪、焊把子）。是气焊时用于控制混合气体混合比、流量及火焰并进行焊接的工具。焊炬有射吸式和等压式两种，射吸式适用于中、低压乙炔，为我国广泛应用。焊炬配有不同孔径焊嘴五个，由待焊工件大小不同选择使用，号大孔大。

（6）橡皮管。GB 9449—88《焠火介质冷却性能试验方法》中规定：氧气橡皮管应为黑色，内径 8mm，工作压力为 1.5MPa，试验压力 3.0MPa；乙炔橡皮管为红色，内径为 10mm，工作压力为 0.5MPa 或 1MPa。连接焊炬或割炬的橡皮管不能短于 5m，一般为 10～15m 为宜，太长会增加气体流动阻力。

2. 焊接材料

（1）焊丝。气焊用的焊丝起填充金属作用，与熔化的母材一起组成焊缝金属。因此，应根据工件的化学成分选用成分类型相同的焊丝。

（2）焊剂。气焊焊剂是气焊时的助熔剂。其作用是除去氧化物，改善母材润湿性等。

3. 气焊工艺

（1）接头型式与坡口型式。气焊常用接头型式有对接、角接和卷边接头，如图 10.3 所示。搭接和 T 形接用得少。适宜用气焊的工件厚度不大，因此气焊的坡口一般为 I 形和 V 形坡口。

（2）气焊火焰。氧乙炔焰由于混合比不同有三种火焰，即中性焰、氧化焰、碳化焰。

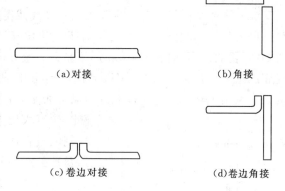

(a)对接　　(b)角接

(c)卷边对接　　(d)卷边角接

图 10.3　气焊常用接头型式

中性焰是氧乙炔混合比为 1.1～1.2 时燃烧所形成的火焰，在一次燃烧区内既无过量氧也无游离碳。其特征为亮白色的焰心端部有淡白色火焰闪动，时隐时现。因有一定还原性，非中性，故有人称正常焰。中性焰应用最广，气焊低、中碳钢、低合金钢、不锈钢、紫铜、锡青铜，铝及铝合金、铅、锡、镁合金和灰铸铁一般都用中性焰。

氧化焰是氧乙炔混合比大于 1.2 时的火焰。其特征是焰心端部无淡白火焰闪动，内、外焰分不清，焰中有过量氧。因此，有氧化性。适合气焊黄铜，镀锌铁皮等。

碳化焰是氧乙炔混合比小于 1.1 时的火焰。其特征是内焰呈淡白色。这是因为内焰有多余的游离碳，碳化焰具有较强的还原作用，也具有一定渗碳作用。适用焊高碳钢、铸铁、高速钢、硬质合金等。

中性焰焰心外 2～4mm 处温度最高，达 3150℃左右。因此气焊时焰心离开工件表面 2～4mm，此时热效率最高，保护效果最好。

（3）气焊方向有两种 左向焊与右向焊。左向焊适用于焊薄板，右向焊适宜焊厚大件。

（4）气焊工艺参数。

1）火焰能率。由焊炬型号及焊嘴号的大小决定的，在实际生产中，可根据工件厚度选择焊炬型号，原则是被焊件厚大，则焊炬号大，焊嘴号亦然。

2）焊丝直径。原则是根据工件厚度来选择焊丝直径，一般说，焊丝直径不超过焊件厚度。焊件厚些，则选取的焊丝直径也应大些。

3）焊嘴倾斜角度。焊嘴倾斜角度是指焊嘴与工件平面间小于 90°的夹角。倾角人，火焰热量散失小，工件加热快，温度高。焊嘴倾角大小可根据材质等因素确定。

4. 气割

（1）气割原理与应用。气割是利用火焰的热能将工件切割处预热到一定温度后，喷出高速切割氧流，使其燃烧并放出热量实现切割的方法。可以切割的金属应符合下述条件：

1）金属氧化物的熔点应低于金属熔点。

2）金属与氧气燃烧能放出大量的热，而且金属本身的导热性要低。

纯铁、低、中碳钢和低合金钢以及钛等符合上述条件，其他常用的金属如铸铁、不锈钢、铝和铜等，必须采用特殊的氧燃气切割方法（例如熔剂切割）或熔化方法，如电弧切割、等离子切割、激光切割等。

（2）气割设备。气割用的氧气瓶、氧气减压器、乙炔发生器（或乙炔气瓶）和回火保险器同气焊用的相同。此外，气割还用液化气瓶，液化石油气瓶通常用 16Mn 钢、Q215或 20 号优质碳素钢板经冲压和焊接制成。液化石油气经压缩成液态装入瓶内。液化石油气瓶的最大工作压力为 1.6MPa，出厂前水压试验为 3MPa。液化石油气瓶充罐时，必须按规定留出汽化空间，不能充罐过满。否则，液化石油气充满瓶体，瓶体受热膨胀，对瓶壁产生巨大压力，将会引起气瓶破裂，造成火灾。用于气割的设备还有手工割机，半自动气割机和自动气割机以及数控线切割机等。

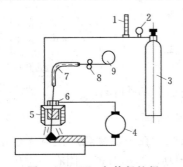

图 10.4　CO_2 气体保护焊
1—流量计；2—减压计；3—CO_2 气瓶；
4—电焊机；5—焊炬喷嘴；6—导电嘴；
7—送丝软管；8—送丝机构；
9—焊丝盘

10.3.2　CO_2 气体保护焊

利用外加的 CO_2 气体作为电弧介质并保护电弧和焊接区的电弧焊方法称为 CO_2 气体保护焊。CO_2 气体保护焊的焊接过程如图 10.4 所示。CO_2 气体经供气系统从焊枪喷出，当焊丝与焊件接触引起燃电弧后，连续送给的焊丝末端和溶液被 CO_2 气流所保护，防止空气对熔化金属的有害作用，从而保证获得高质量的焊缝。

CO_2 气体保护焊由于采用廉价的 CO_2 气体和焊丝，代替焊接剂和焊条。加上电能消耗小，所以成本很低，一般仅为自动埋弧焊接的 40%，为焊条电弧焊的 37%～42%。同时，由于 CO_2 气体保护焊采用高硅高锰焊丝，它具有较强的脱氧还原和抗蚀能力，因此焊缝不易产生气孔，力学性能较好。

由于 CO_2 气体保护焊具有成本低、生产效率高、焊接质量好、抗蚀力强及操作方便等优点，所以已应用于汽车、机车、造船及航空等工业部门，用来焊接低碳钢、低合金结构钢和高合金钢。

10.3.3　氩弧焊

氩弧焊是氩气保护焊的简称。氩气是惰性气体，在高温下不和金属起化学反应，也不溶于金属，可以保护电弧区的熔池，焊缝和电极不受空气的有害作用，是一种较理想的保护气体。氩气电离势高，引弧较困难，但一旦引燃就很稳定。氩气纯度要求达 99.9%。

氩弧焊分钨极（不熔化极）氩弧焊和熔化极（金属极）氩弧焊两种。

钨极氩弧焊电极常用钍钨极和铈钨极两种。焊接时，电极不熔化，只起导电和产生电弧作用。钨极为阴极时，发热量小，钨极烧损小；钨极为阳极时，发热量大，钨极烧损严重，电弧不稳定，焊缝易产生夹钨。因此，一般钨极氩弧焊不采用直流反接。主要优点是：对易氧化金属的保护作用强、焊接质量高、工件变形小、操作简便，以及容易实现机械化和自动化。因而，氩弧焊广用于造船、航空、化工、机械以及电子等工业部门，进行高强度合金钢、高合金钢、铝、镁、铜及其合金和稀有金属等材料的焊接。

10.3.4 埋弧自动焊

埋弧自动焊在焊缝形成过程，由于电弧在焊剂层下燃烧，能防止空气对焊接熔池的不良影响；焊丝连续送进，焊缝连续性好；由于焊接的覆盖，减少了金属烧损和飞溅，可节省焊接材料。埋弧焊自动焊与手工电弧焊相比，具有生产率高、节约金属、提高焊缝质量和性能、改善劳动条件等优点，在造船、锅炉、车辆等工业部门广泛应用。

10.3.5 电渣焊

电渣焊是利用电流通过液体熔渣所产生的电阻热进行焊接的方法。其主要特点是大厚度工件可以不开坡口一次焊成，成本低、生产率高、技术比较简单，工艺方法易掌握，焊缝质量良好。电渣焊主要用于厚壁压力容器纵缝的焊接。在大型机械制造中，如水轮机组、水压机、汽轮机、轧钢机、高压锅炉和石油化工等得到广用。

10.3.6 电阻焊

电阻焊是工件组合后通过电极施加压力，利用电流通过接头的接触面及邻近区域产生的电阻热进行焊接的方法。这种焊接不要外加填充金属和焊剂。根据焊接头形式可分为对焊、点焊、缝焊三种。

电阻焊生产率很高，易实现机械化和自动化，适宜于成批、大量生产。但是它所允许采用的接头形式有限制，主要是棒、管的对接接头和薄板的搭接接头。一般应用于汽车、飞机制造、刀具制造、仪表、建筑等工业部门。

10.3.7 钎焊

钎焊是采用比母材熔点低的金属材料作钎料，将焊件和钎料加热到钎料熔点，低于母材熔化温度，利用液态钎料润湿母材，填充接头间隙并与母材互相扩散实现连接焊件的方法。

钎焊特点（同熔化焊比）：焊件加热温度低，组织和力学性能变化小；变形较小，焊件尺寸精度高；可以焊接薄壁小件和其他难焊接的高级材料；可一次焊多工件多接头；生产率高；可以焊接异种材料。

根据钎料熔点的不同，钎焊可分为硬钎焊和软钎焊两类。

1. 硬钎焊

硬钎焊的钎料熔点在 450℃ 以上，接头强度高，可达 500MPa，适用于焊接受力较大或工作温度较高的焊件，属于这类钎料的有铜基、银基、铝基等。

2. 软钎焊

软钎焊的钎料熔点低于 450℃，接头强度低，主要用于钎焊受力不大或工作强度较低的焊件，常用的为锡、铅钎料。

钎料的种类很多，有 100 多种。只要选择合适的钎料就可以焊接几乎所有的金属和大量的陶瓷。如果焊接方法得当，还可以得到高强度的焊缝。

钎焊时一般需要使用钎剂，钎剂作用是：清除液体钎料和工件待焊表面的氧化物，并保护钎料和钎件不被氧化。常用的有松香、硼砂等。

钎焊加热方法很多，有烙铁加热、火焰加热、感应加热、电阻加热等。

钎焊是一种既古老又新颖的焊接技术，从日常生活物品（如眼镜、项链、假牙等）到现代尖端技术，都广泛采用。如在喷气式发动机、火箭发动机、飞机发动机、原子反应堆构件及电器仪表的装配中，钎焊是必不可少的一种焊接技术。

10.3.8 摩擦焊

摩擦焊接过程是把两工件同心地安装在焊机夹紧装置中，回转夹具件高速旋转，非回转类工件轴向移动，使两工件端面相互接触，并施加一定轴向压力，依靠接触面强烈摩擦产生的热量把该表面金属迅速加热到塑性状态。当达到要求的变形量后，利用刹车装置使焊件停止旋转，同时对接头施加较大的轴向压力进行顶锻，使两焊件产生塑性变形而焊接起来。

摩擦焊接头一般是等截面的，也可以是不等截面的，但需要有一个焊件为圆形或筒形。摩擦焊广泛用于圆形工件、棒料及管子的对接，可焊实心焊件的直径从 2mm 到 100mm 以上，管子外径可达数百毫米。

10.4 焊 接 接 头

10.4.1 焊接接头的组织与性能

熔化焊和部分压力焊焊件接头都经过加热、然后迅速冷却的过程，因而焊缝及其临近的区域金属材料都受到一次不同温度的加热和冷却的影响，其组织性能都发生相应的变化，故临近焊缝区域又叫热影响区。

焊缝（熔化区）部分的金属温度最高，冷却时结晶从溶池壁开始并垂直于池壁方向发展，最后形成柱状铁素体和珠光体组织，其机械性能依含碳量及焊接规范而定。

热影响区大体上分半熔化区、过热区、正火区、部分相变区等几个区段。其中以半熔化区及过热区焊接接头质量影响最大。半熔化区是焊缝与固态焊件交界区，晶粒粗大、塑性差，是容易产生应力集中及裂缝的区段，希望越窄越好。低碳钢半熔化区较窄，影响不大。过热区在 Ac_3 以上 $100\sim200℃$ 至半熔化区之间，仍处于高温，晶粒长大十分严重，常常形成过热组织。塑性、韧性很低也是容易产生裂缝的区段。正火区略低于过热区温度，冷却后晶粒得到细化，机械性能得到改善。其他各区段对焊接性能影响不大。

总之，应尽量减小焊接接头热影响区。热影响区的大小与焊接方法、焊接规范、焊接材质、焊后冷却速度等因素有关。为消除减少热影响区有害影响，可通过改变焊接方法及焊后热处理的方法。正常规范下，各种焊接相比，以气焊时热影响区为最大，手工电弧焊小得多，埋弧自动焊更小，电阻焊及等离子弧焊则几乎无过热区。

在焊接中碳钢、高碳钢时，过热区、正火区、甚至部分相变区都是淬火区，会出现淬火组织（如马氏体、屈氏体）硬度高、脆性大、易出现裂缝。焊接铸铁时，除产生淬火组织外半熔化区易出现白口组织，难以机加工，更易出现裂缝。因此，必须采取预热等措施，以消除白口组织及淬火组织，保证焊接质量。

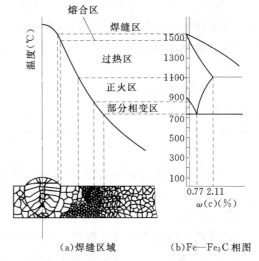

(a)焊缝区域　　　(b)Fe—Fe₃C 相图

图 10.5 所示为低碳钢分别用熔化焊和压力焊后焊缝和热影响区组织变化示意图。

图 10.5 低碳钢焊接接头的组织变化示意图

1. 焊缝

焊缝组织如图 10.5 所示，属于铸造组织。焊接时，熔池中的熔融金属从熔池的边缘即熔合区开始结晶，向熔池中心方向生长。完全凝固之后，形成焊缝。使焊件之间实现了原子的结合。显然，焊缝金属的成分主要决定于焊芯金属化学成分，但也受到焊件上被熔化金属和药皮成分的影响。通过选择焊条可以保证焊缝金属的力学性能。

2. 热影响区

对应 Fe—Fe₃C 相图，低碳钢焊接接头因受热温度不同，热影响区可分为过热区、正火区和部分相变区（图 10.5）。

（1）过热区。指在热影响区中，温度接近于 AE 线，具有过热组织或晶粒显著粗大的区域。过热区的塑性、韧性差，容易产生焊接裂纹。

（2）正火区。指在热影响区中，温度接近于 Ac_3，具有正火组织的区域。其组织性能好。

（3）部分相变区。指在热影响区中，温度处于 $Ac_1 \sim Ac_3$，部分组织发生相变的区域。其晶粒大小不均匀，力学性能稍差。

3. 熔合区

熔合区是在焊接接头中焊缝向热影响区过渡的区域。熔合区在焊接时处于半熔化状态，组织成分极不均匀，力学性能不好。

熔合区和过热区是焊接接头中的薄弱环节。

10.4.2 焊接接头的缺陷

1. 焊缝尺寸不符合要求

焊缝大、太高或太低，宽窄不均，不符图纸要求。为了防止这种情况，应正确选择坡口及间隙，合理选择焊接规范，并注意操作方法。

2. 咬边

咬边是指焊缝与基本金属交界处形成的凹陷。咬边会降低工作截面及引起应力集中，降低接头强度。产生原因主要是电流（或焊条号码）过大，焊条夹角和弧长不当。防止办法是正确选择规范，注意操作方法。

3. 气孔

气孔是焊缝表面或内部形成的空洞。气孔的存在降低接头的致密性。原因是：焊件不清洁，焊条受潮或质量不高，电弧过长，冷却过快等。因此，防止气孔应针对上述原因采取措施。

4. 夹渣

夹渣是指在焊缝金属内部存有非金属夹杂物。夹渣也降低焊缝金属强度。为防止夹渣，应注意焊件清理，正确选择焊条、焊接规范并注意操作方法。

5. 未焊透

未焊透是指基本金属与焊缝之间或焊缝金属之间的局部未融合现象。未焊透可产生在单面或双面焊的根部、坡口表面、多层焊道之间或重新引弧处。未焊透在焊接接头中相当于一个裂缝，很可能在使用过程中扩展成更大的裂缝，导致结构破坏，但不易发现，所以是焊接头中最危险的缺陷。造成未焊透的主要原因是：焊件表面不清洁，坡口角度及间隙太小，钝边太厚，焊接电流太小，焊接速度太快，焊条角度不对；还有使用焊接电流过大，使焊条发红而造成融化太快，当焊件边缘尚未融化时，焊条金属已覆盖上去。防止办法是：认真清理焊件，正确使用坡口、间隙、焊接电流、焊接速度，认真操作，防止焊偏和夹渣等。

6. 裂缝

裂缝有宏观和微观两种。微观裂缝不易发现，所以危害较大。裂缝是最严重的缺陷，焊件在使用过程中会导致突然断裂。所以焊接接头中如有裂缝，须铲除后补焊。产生裂缝的主要原因是由于焊接过程中产生较大的内应力，同时焊缝金属有低熔点杂质（如 FeS）使焊缝具有热脆性；焊缝区有脆性组织及含有较多的氢，在拉力作用下，导致冷裂缝。因此，应根据具体情况，采取相应的措施。

10.5　常用金属材料的焊接

10.5.1　金属材料的焊接性

1. 金属焊接性概念

金属焊接性是金属材料对焊接加工的适应性，是指金属在一定的焊接方法、焊接材料、工艺参数及结构型式条件下，获得优质焊接接头的难易程度。它包括两个方面内容：一是工艺性能，即在一定条件下，焊接接头工艺缺陷的倾向，尤其是出现裂纹的可能性；二是使用性能，即焊接接头在使用中的可靠性，包括力学性能及耐热、耐蚀等特殊性能。

金属焊接是金属的一种加工性能。它决定于金属材料的本身性质和加工条件。就目前的焊接技术水平，工业上应用的绝大多数金属材料都是可以焊接的，只是焊接的难易程度不同而已。

　　2. 金属焊接性的评定

　　金属焊接性的主要影响因素是化学成分。钢的化学成分不同，其焊接性也不同。钢中的碳和合金元素对钢焊接性的影响程度是不同的。碳的影响最大，其他合金元素可以换算成碳的相当含量来估算它们对焊接性的影响，换算后的总和称为碳当量。碳当量作为评定钢材焊接性的参数指标，这种方法称为碳当量法。

　　碳当量有不同的计算公式。国际焊接学会（ⅡW）推荐的碳素结构钢和低合金结构钢碳当量 CE 的计算公式为

$$CE = C + \frac{Mn}{6} + \frac{(Ni+Cu)}{15} + \frac{(Cr+Mo+V)}{5}(\%) \tag{10.1}$$

式中，化学元素符号都表示该元素在钢材中的质量分数、各元素含量取其成分范围的上限。

　　碳当量越大，焊接性越差。当 $CE<0.4\%$ 时，钢材焊接性良好，焊接冷裂纹倾向小，焊接时一般不需要预热；$CE=0.4\%\sim0.6\%$ 时，焊接性较差，冷裂倾向明显，焊接时需要预热并采取其他工艺措施防止裂纹；$CE>0.6\%$ 时，焊接性差，冷裂倾向严重，焊接时需要较高的预热温度和严格的工艺措施。

　　用碳当量法评定金属焊接性，只考虑化学成分因素，而没有考虑板厚（刚性拘束）、焊缝含氢量等其他因素的影响。国外经过大量试验提出了用冷裂纹敏感系数 P_c 来评定钢材焊接性。其计算式如下

$$P_c = C + \frac{Si}{30} + \frac{Mn}{20} + \frac{Cu}{20} + \frac{Ni}{60} + \frac{Cr}{20} + \frac{Mo}{15} + \frac{V}{10} + 5B + \frac{h}{600} + \frac{H}{60}(\%) \tag{10.2}$$

式中　h——板厚，mm；

　　　　H——焊缝金属中扩散氢含量，$cm^3/100g$。

　　P_c 值中各项含量均有一定范围。通过斜 V 形坡口对接裂纹试验还得出了防止裂纹的最低预热温度 T_p 计算式如下

$$T_p = 1440P_c - 392(℃)$$

　　用 P_c 值判断冷裂纹敏感性比碳当量 CE 值更好。根据 T_p 得出的防止裂纹的预热温度在多数情况下是比较安全的。

10.5.2　常用金属材料的焊接

　　1. 低碳非合金钢的焊接

　　低碳钢中 $\omega(C)<0.25\%$，碳当量 $CE<0.4\%$，没有淬硬倾向，冷裂倾向小，焊接性良好。除电渣焊外，焊前一般不需要预热，焊接时不需要采取特殊工艺措施，适合各种方法焊接。只有板厚大于 50mm，在 0℃ 以下焊接时，应预热 100~150℃。

　　含氧量较高的沸腾钢，硫、磷杂质含量较高且分布不均匀，焊接时裂纹倾向较大；厚板焊接时还有层状撕裂倾向。因此，重要结构应选用镇静钢焊接。

　　在焊条电弧焊中，一般选用 E4303（结 422）和 E4315（结 427）焊条；埋弧自动焊，

常选用 H08A 或 H08MnA 焊丝和 HJ431 焊剂。

2. 中碳非合金钢的焊接

中碳钢中 $\omega(C)=0.25\%\sim6\%$，碳当量大于 0.4%，其焊接特点是淬硬倾向和冷裂纹倾向较大；焊缝金属热裂倾向较大。因此，焊前必须预热至 $150\sim250℃$。焊接中碳钢常用焊条电弧焊，选用 E5015（结 507）焊条。采用细焊条、小电流、开坡口、多层焊，尽量防止含碳量高的母材过多地熔入焊缝。焊后应缓慢冷却，防止冷裂纹的产生。厚件可考虑用电渣焊，提高生产效率，焊后进行相应的热处理。

$\omega(C)>0.6\%$ 的高碳钢焊接性更差。高碳钢的焊接只限于修补工作。

3. 低合金高强度结构钢的焊接

低合金高强度结构钢一般采用焊条电弧焊和埋弧自动焊。此外，强度级别较低的可采用 CO_2 气体保护焊；较厚件可采用电渣焊；$\sigma_s>50MPa$ 的高强度钢，宜采用富氩混合气体（如 Ar 80%＋CO_2 20%）保护焊。

Q345 的 $CE<0.4\%$，焊接性良好，一般不需要预热，它是制造锅炉压力容器等重要结构的首选材料。当板厚大于 30mm 时，或环境温度较低时，焊前应预热，焊后应进行消除应力处理。

焊接含有其他合金元素和强度等级较高的材料时，应选择适宜的焊接方法，制定合理的焊接参数和严格的焊接工艺。

10.6　焊 接 工 艺 设 计

1. 焊接工艺设计的原则

(1) 能获得满意的焊接接头。

(2) 焊接应力小、变形小、可焊性好。

(3) 焊接时焊件的翻转次数少，焊接方便。

(4) 生产率高、生产周期短、生产成本低。

2. 焊接工艺设计的主要内容

(1) 选择焊接方法、焊接设备。在进行焊接工艺设计时，应根据产品的结构尺寸、形状、焊接材料的焊接性、焊接接头的质量等，选择最经济、最方便、高效率且能保证焊接接头质量的焊接方法，而后根据所选择的焊接方法，选择相应的焊接设备。

(2) 确定焊接工艺参数。以焊件的材料、厚度、焊接接头形式、焊缝的空间位置、接缝装配空间等，结合实际工作经验，并且查阅有关手册来确定焊接工艺参数。例如，手工电弧焊时，应该确定焊条直径、焊接电流与电压、焊接速度、焊接顺序及方向等。

(3) 确定焊接热参数。主要由焊件的材料、焊缝的化学成分、焊接方法、结构的刚度及应力情况、焊接环境温度等来确定。如焊接的预热、焊接后的热处理工艺参数，包括热处理加热温度、加热的部位、保温时间及冷却方式等。

(4) 选择或设计焊接工艺装备。应选用的焊接设备主要是能提高焊接质量和劳动生产率、改善劳动条件、降低成本。

10.7 胶 接

10.7.1 胶接的概念

胶接是指利用胶黏剂把两个胶接件连接在一起的过程。胶黏剂是指一种靠界面作用产生的黏合力将各种材料牢固地连接在一起的物质。

胶接在室温下就能固化、实现连接；胶接接头为面际连接，应力分布均匀，大大提高了胶接件的疲劳寿命，且密封作用好；胶接接头比铆接、焊接接头，更为光滑、平整、质量较小。如果以胶接代替铆接，可以使某种飞机结构件减轻 25%～30%。但是，胶接接头强度低，通常达不到胶接结构材料的强度，并且在使用过程中会因胶黏剂老化而强度下降。另外，胶黏剂的耐热性差，胶接结构不适于在较高的温度下工作。

胶黏剂通常能够连接不同种类的材料，如同种或异种金属、塑料、橡胶、陶瓷、木材等。随着高分子材料的发展，胶接成形愈来愈引起人们的重视。目前生产的胶黏剂有数十种之多。胶接技术在宇航、机械、电子、轻工及日常生活中已被广用。例如，人造卫星上数以千计的太阳能电池，全部是使用胶黏剂固定在卫星的表面上。

10.7.2 胶接原理

目前，对胶接的本质还没有统一的理论分析，几种主要观点简述如下。

1. 机械作用观点

机械作用观点认为，任何材料都不可能是绝对平滑的，凹凸不平的材料表面接合后总会形成无数微小的孔隙。胶黏剂则相当于无数微小的"销钉"镶嵌在这些孔隙中，从而形成牢固的连接。

2. 扩散作用观点

扩散作用观点认为，在温度和压力的作用下，由于胶黏剂与被胶接件之间分子的相互扩散，形成"交织"层，因而牢固地连接在一起。

3. 吸附作用观点

吸附作用观点认为，任何物质的分子紧密靠近（间距小于5Å）时，分子间力便能使相接触的物体吸附在一起。胶黏剂在压力下，与胶接件之间紧密接触，产生了分子间的吸附作用，从而形成牢固地结合。

4. 化学作用观点

化学作用观点认为，某些胶接的实现是由于胶黏剂分子与胶接件分子之间形成了化学键，从而把胶接件牢固地连接在一起。

10.7.3 常用胶黏剂

1. 胶黏剂的分类

胶黏剂是以某些黏性物质为基料，加入各种添加剂构成。按基料的化学成分可以分为有机胶黏剂和无机胶黏剂两大类。天然的有机胶黏剂如骨胶、松香、糨糊等；合成的有机胶黏剂如树脂胶、橡胶胶等。各种磷酸盐、硅酸盐类胶黏剂属于无机胶黏剂。

胶黏剂还常按用途分为结构胶黏剂和非结构胶黏剂两大类。结构胶黏剂连接的接头强度高，具有一定的承载能力，非结构胶黏剂主要用于修补、密封和连接软质材料。

2. 常用胶黏剂的选择

选择胶黏剂主要考虑被胶接材料的种类、受力条件，工作温度和工艺可行性等。

（1）被胶接材料的种类。不同的胶接件应当选用不同的胶黏剂。如钢铁及铝合金材料宜选用环氧、环氧—丁腈、酚醛—缩醛、酚醛丁腈等类胶黏剂；热固性塑料宜选用环氧、酚醛—缩醛类胶黏剂；橡胶宜选用酚醛氯丁、氯丁—橡胶类胶黏剂。

（2）受力条件。工作时承受载荷的受力构件胶接时，宜选用胶接强度高、接头韧性好的结构胶黏剂；工作时受力不大的构件胶接时，宜选用非结构胶黏剂。非结构胶黏剂也用于工艺定位。

（3）工作温度。不同温度下工作的胶接结构，应选用不同胶黏剂，例如在－120℃以下工作胶接结构，宜选用聚氨酯、苯二甲酸、环氧丙酯类胶黏剂；在－150℃以下工作的胶接结构宜选用环氧—丁腈、酚醛—丁腈、酚醛—环氧类胶黏剂；在150℃以下工作的胶接结构，宜选用无机胶黏剂；在500℃以下工作的胶接结构，宜选用无机胶黏剂。

（4）工艺可行性。每一种胶黏剂都有特定的胶接工艺。有的胶黏剂在室温下固化；有的胶黏剂则需加热、加压才能固化。因此，选用胶黏剂还要考虑工艺上是否可行。

10.7.4 胶接工艺

1. 表面处理

胶接前要对胶接面进行表面处理。金属件的表面处理包括清洗、除油、机械处理和化学处理等。非金属件一般只进行机械处理和溶剂清洗。

2. 预装

表面处理后应对胶接件预装检查，主要检查胶接件之间的接触情况。

3. 胶黏剂准备

胶黏剂应按其配方配制。在室温下固化的胶黏剂，还应考虑其固化时间。

4. 涂胶方法

液体胶黏剂通常采用刷胶、喷胶等方法涂胶；糊状胶黏剂通常采用刮刀刮胶；固体胶黏剂通常先制成膜状或棒状后涂在胶接面上；对于粉状胶黏剂，则应先熔化再浸胶。

5. 固化

应注意参阅产品说明书，控制温度、时间、压力三个参数，使胶黏剂固化，实现连接。

10.8 焊接新技术简介

10.8.1 等离子弧焊接和切割

利用某种装置使自由电弧的弧柱受到压缩，弧柱中的气体就完全电离（通称为压缩效应），便产生温度比自由电弧高得多的等离子弧。等离子弧发生装置是在钨极与工件之间加一高压，经高频振荡器使气体电离形成电弧。它能迅速熔化金属材料，用来焊接和切割。等离子弧焊接分为大电流等离子弧焊和微束等离子弧焊两类。

等离子弧焊除具有氩弧焊优点外，还有以下两方面特点：

（1）有小孔效应且等离子弧穿透能力强，所以 10～12mm 厚度焊件可不开坡口，能实现单面焊双面自由成形。

（2）微束等离子弧焊可用以焊很薄的箔材。

因此，它日益广泛地应用于航空航天等尖端技术所用的铜合金、钛合金、合金钢、钼、钴、等金属的焊接，如钛合金导弹壳体、波纹管及膜盒、微型继电器、飞机上的薄壁容器等。现在民用工业也开始采用等离子弧焊，如锅炉管子的焊接等。

等离子弧切割原理与氧气切割不同，它是利用能量密度高的高温高速等离子流，将切割金属局部熔化并随即吹去，形成整齐切口。它不仅比氧气切割效率高 1～3 倍，还能切割不锈钢、有色金属及其合金及难熔金属，也可用以切割花岗石、碳化硅、耐火砖、混凝土等非金属材料。

目前，我国工业中已经采用水压压缩等离子切割，即在等离子弧喷嘴周围设置环状压缩喷水通路，对称射向等离子流。这种水压缩等离子弧较一般等离子弧有较高的切口质量和切割速度，降低了成本，并能有效地防止切割时产生的金属蒸气和粉尘等有毒烟尘，改善劳动条件。

10.8.2　激光焊接与切割

激光焊接是利用原子受激辐射的原理，使工作物质（激光材料）受激而产生的一种单色性好、方向性强、强度很高的激光束。聚焦后的激光束最高能量密度可达 $1013W/cm^2$，在几毫秒甚至更短时间内将光能转换成热能，温度可达 1 万℃以上，可以用来焊接和切割。

激光焊分为脉冲激光焊接和连续激光焊接两大类。

脉冲激光焊对电子工业和仪表工业微型件焊接特别适用。

连续激光焊接主要使用大功率 CO_2 气体激光器，连续输出功率可达 100kW，可以进行从薄板精密焊到 50mm 厚板深穿入焊的各种焊接。

激光焊接的特点：能量密度大且放出极其迅速，适合于高速加工，能避免热损伤和焊接变形，故可进行精密零件、热敏感性材料的加工。被焊材不易氧化，可以在大气中焊接，不需要气体保护或真空环境；激光焊接装置不需要与被焊接工件接触；激光可以对绝缘材料直接焊接，对异种金属材料焊接比较容易，甚至能把金属与非金属焊接在一起。

激光束能切割各种金属材料和非金属材料，如氧气切割难以切割的不锈钢、钛、铝、锆及其合金等金属材料，木材、纸、布、橡胶、塑料、岩石、混凝土等非金属材料。

激光切割机理有激光蒸发切割、激光熔化吹气切割和激光反应气体切割三种。

激光切割具有切割质量好、效率高、速度快、成本低等优点。

10.8.3　电子束焊接与切割

电子束焊是利用加速和聚焦的电子束轰击置于真空或非真空中的焊件所产生的热能进

行焊接的方法。电子束轰击焊件时 99% 以上的电子动能会转变为热能，因此，焊件或割件被电子束轰击的部位可被加热至很高温度，实现焊接或切割。

电子束焊根据所处环境的真空度不同，可分为高真空电子束焊、低真空电子束焊和非真空电子束焊。

由于焊件在真空中焊接，金属不会被氧化、氮化，故焊接质量高。焊接变形小，可进行装配焊接；焊接适应性强；生产率高、成本低，易实现自动化。真空电子束焊的主要不足是设备复杂、造价高，焊前对焊件的清理和装配质量要求很高，焊件尺寸受真空室限制，操作人员需要防护 X 射线的影响。

真空电子束焊适于焊接各种难熔金属（如钛、钼等）、活性金属（除锡、锌等低沸点元素多的合金外）以及各种合金钢、不锈钢等，既可用于焊接薄壁、微型结构，又可焊接厚板结构，如微型电子线路组件、大型导弹外壳、原子能设备中厚壁结构件以及轴承齿轮组合件等。

10.8.4　扩散焊

扩散焊是焊件紧密贴合，在真空或保护气体中，以一定温度和压力下保持一段时间，使接触面之间的原子相互扩散而完成焊接的压焊方法。

扩散焊的特点是：接头强度高，焊接应力和变形小；可焊接材料种类多；可焊接复杂截面的焊件。扩散焊的主要不足是：单件生产率较低，焊前对焊件表面的加工清理和装配质量要求十分严格，需用真空辅助装置。

扩散焊主要用于焊接熔焊、钎焊难以满足质量要求的小型、精密、复杂的焊件。近年来，扩散焊在原子能、航天导弹等尖端技术领域中解决了各种特殊材料的焊接问题。

10.8.5　爆炸焊

爆炸焊利用炸药爆炸时产生的冲击力造成焊件迅速碰撞，实现焊接的一种压焊方法。

爆炸焊适于焊接双金属轧制焊件和表面包覆有特殊物理—化学性能的合金或合金钢及异种材料制成的焊件，也适宜制造冲—焊、锻—焊结构件。

10.8.6　堆焊与喷涂

1. 堆焊

堆焊是为增大或恢复焊件尺寸，或使焊件表面获得具有特殊性能的熔敷金属而进行的焊接。其目的不是为了连接焊件，而是在于使焊件表面获得具有耐磨、耐热、耐蚀等特殊性能的熔敷金属，或是为了恢复或增加焊件尺寸。

堆焊的焊接方法很多，几乎所有的熔焊方法都能用来堆焊。

堆焊工艺与熔焊工艺区别不大，包括零件表面的清理、焊条焊剂烘干、焊接缺陷的去除等。与熔焊的不同主要是焊接工艺参数有差异。堆焊时，应在保证适当生产率的同时，尽量采用小电流、低电压、快焊速，以使熔深较小、稀释率较低以及金属元素烧损量较低。

2. 热喷涂

热喷涂是将喷涂材料加热到熔融状态，通过高速气流使其雾化，喷射到工件表面形成喷涂层，使工件具有耐磨、耐热、耐腐蚀、抗氧化等性能。

喷涂层与工件表面主要为物理结合和机械结合。结合强度约为 $5\sim50MPa$，依工艺材料不同而异。涂层有一定孔隙度，其密度为本身材料密度的 $85\%\sim99\%$。

喷涂的主要特点是喷涂材料来源广泛，工艺简便、灵活，工件变形小，生产效率高，便于获得很薄的涂层。

喷涂方法有电弧喷涂、火焰喷涂、等离子喷涂及爆炸喷涂等，其中电弧喷涂、火焰喷涂和等离子喷涂应用比较广泛。

10.8.7 焊接机器人

焊接机器人是 20 世纪 60 年代后期国际上迅速发展的工业机器人技术的主要分支，已应用于电阻点焊、电弧、切割和热喷涂等。

1. 机器人的种类

（1）点焊机器人。点焊机器人只需控制焊钳的每点焊接位置和点焊程序，中间轨迹无关紧要，因而是一种很简单的完全采用点位控制的机器人，主要在批量生产的汽车工业中焊接薄板结构。

（2）弧焊机器人。目前通用的弧焊机器人可与熔化极气体保护机、钨极氩弧焊机及空气等离子弧切割机相匹配，完成各种形状结构的 CO_2、MIG、TIG 焊及金属切割。

（3）切割机器人。随着等离子切割、激光切割的应用，国外开始定型生产切割机器人，常用有悬壁式切割机器人（如 RC901 型和 RC150 型）和门座式切割机器人（如 RL201、RL261、RL301 和 RL401 等型号）。

2. 焊接机器人的组成和构造

机器人是指可以反复编程的多功能操作机，由操作机、控制系统和焊机组成。

（1）焊接机器人操作机。通用焊接机器人操作机有 $4\sim6$ 个自由度，能装上点焊钳、弧焊焊炬、激光焊炬、割枪或喷涂枪完成各种位置点焊，任意轨迹焊缝焊或切割、喷涂。

焊炬、焊钳、割枪或喷枪的运动是由几个自由度不同组合运动的结果。单个运动自由度的运动形式只有直线运动、轴的指向不变的回转及轴的指向变化的旋转三种。

机器人的运动机构按其运动能分为手、臂、机身和行走机构四部分。手部由指、腕组成，可用来夹持焊炬等，并可在较小范围内调整位置。臂支承手，可在较大范围内调整其空间位置。机身是支承手、臂和行走机构的部件。行走机构则用以调整个机器人空间位置。

运动机构驱动方式有电动和电液压两种，以电动为主，多用交流伺服电机。

（2）控制系统。

1）硬件构造。目前机器人大都采用二次计算机控制。第一级担负系统监控，作业管理及时修正任务等，大都采用 16 位制计算机。第一级运算结果为伺服信号控制第二级，即控制各个自由度的运动机构焊机的相关参数。第二级可以采用另一台计算机通过高速脉冲发生器控制各个机构，也可以采用若干个单片机分别控制。

2）示教—再现控制。目前，推广使用的机器人人都是具有示教—再现控制功能，因此又称为示教—再现型机器人。示教—再现控制功能包括示教、存储、再现三项内容。示教是机器人记忆规定的动作；在必要期限内保存示教信息称为存储；读出所存储的信息并向执行机构发出具体指示称为再现。

示教方式有人工引导示教和示教盒示教。人工引导教是由有经验的工人直接移动安装在机器人操作机上的焊炬等，计算机将根据此记忆各自由度的运动过程，即自动采集示教参数。示教职工盒示教则是利用机器人示教盒上的按键进行路径规划和设定各种焊接参数。示教盒是一个带有微处理器、可随意移动的小键盘，内部 ROM 中固化有键盘扫描和分析程序，用有线方式将示教信息传给主控制计算机。

（3）智能控制。是具有完备的视觉、听觉、触觉等传感功能，能直接识别语言、图像及键盘指令，并考虑各种传感系统给出的有关对象及环境的信息以及信息库的规则、数据、经验等资料，作出规划并指挥机器人操作。

复 习 思 考 题

1. 解释下列名词：

酸性焊条　碱性焊条　金属焊接性　碳当量　晶间腐蚀　能量线

2. 焊接时为什么要保护？说明各电弧焊方法中的保护方式及保护效果。

3. 焊芯的作用是什么？化学成分有何特点？焊条药皮有哪些作用？

4. 下列焊条型号的含义是什么？

E4303　E5015　E307－15　EZCQ　EZNi　ECuSn－A

5. 结构钢焊条如何选用？试给下列钢材用两种不牌号的焊条、并说明理由。

Q235　20　45　Q345（16Mn）

6. 什么叫焊接热影响区？低碳钢焊接热影响区组织与性能怎样？

7. 焊接接头中力学性能差的薄弱区域在哪里？

8. 影响焊接接头性能的影因素有哪些？如何影响？

9. 低碳钢焊接有何特点？

10. 普通低合金钢焊接的主要问题是什么？焊接时应该采取哪些措施？

11. 奥氏体不锈钢焊需用哪些方法？哪种方法最好？

12. 熔焊接头由哪几部分组成？各部分的组织特征有何不同？

13. 胶接工艺比焊接工艺和铆接工艺有哪些优点？

参 考 文 献

［1］ 侯书林，朱海. 机械制造基础（工程材料及热加工工艺基础）. 上册. 北京：机械工业出版社，2006.

［2］ 侯书林，朱海. 机械制造基础（机械加工工艺基础）. 下册：北京：机械工业出版社，2006.

［3］ 相遇才，孙维连. 工程材料及机械制造基础（工程材料）. 北京：机械工业出版社，2004.

［4］ 张世昌. 机械制造技术基础. 北京：高等教育出版社，2001.

［5］ 韩秋实. 机械制造技术基础. 2版. 北京：机械工业出版社，2005.

［6］ 戴枝荣. 工程材料及机械制造基础（1）——工程材料. 北京：高等教育出版社，1998.

［7］ 张万昌. 工程材料及机械制造基础（2）——热加工工艺基础. 北京：高等教育出版社，2000.

［8］ 王昆林. 材料工程基础. 北京：清华大学出版社，2003.

［9］ 梁建和. 机械制造基础. 北京：北京理工大学出版社，2009.

［10］ 严绍华. 材料成形工艺基础（金属工艺学热加工部分）. 北京：清华大学出版社，2001.

［11］ 董均果. 实用材料手册. 北京：中国标准出版社，2003.